第一回　难忘相逢新绿时

池田大作：唐代诗人王勃吟咏："海内存知己，天涯若比邻。"（真朋友不管离得多么远，也像邻居一样心心相通）

有机会和王蒙先生对谈，深感荣幸，欣喜之至。王蒙先生是代表中国的文豪，文化旗手，分别以来一直很怀念。

和王蒙先生会见是 1987 年 4 月 28 日在新绿欲滴的东京。当时您作为文化部长访日，百忙之中光临我们圣教新闻社，围绕"文学的使命""日中的未来与青年""教育的重要性""科学时代与精神革命"，富有意义地交谈了大约一个小时。

记忆犹新，此刻又随着衷心的感谢之情浮现于脑际。

从那天的难忘交谈历经岁月，彼此积累了更多的活动和经验，能再次和王蒙先生继续对谈，我觉得意义重大。

王蒙：感谢香港《明报月刊》总编潘耀明先生的帮助，时隔 27 年以后，我与池田大作先生又开始了隔空的对谈。

感谢池田先生保留那么多有关 1987 年春天我们会见的记载。它们使我重温了我该次访日后模仿俳句的节奏写的几首诗。

"樱花已落去，犹有芳菲盈心曲，为客亦佳时。"

"今夕喜相逢，新知旧雨队如龙，含笑井上靖。"

前者是说该年的访日之行，后者是说东京的一次招待会。

我微带伤感地想到了时间的无情流逝，但我也感到了美好的思想、意念与友谊长存不衰。人的年龄意识，如孔子说："逝者如斯夫，不舍昼夜。"或许在岁月面前略感窘迫，但一个有良心有头脑有爱恋的人的理念与责任意识，在岁月冲刷之后也许会更加坚强和有力。

池田大作：我很理解您的这种心情。随着时间的流逝，有生命的东西难免变化。有时也从中看见所谓无常。

然而，如您所言，对于为巨大的使命与责任而生的人生来说，来临的分分秒秒都带有无上的意义，放射光芒。因为每一瞬都成为创造价值的行动连续而积累。时间的流逝并非过去，而是生命提升、加深的步伐。

王蒙先生提到孔子的话，让我想起苏东坡的《赤壁赋》：

"客亦知夫水与月乎？逝者如斯，而未曾往也。盈虚者如彼，而卒莫消长也。盖将自其变者而观之，则天地曾不能以一瞬，自其不变者而观之，则物与我皆无尽也"。

在变化不止的人生与世界中，探求并创造绝不退色的不灭价值。那正是人的道路，文学的道路。

王蒙先生通晓日本传统文化的俳句，我从心里感到高兴。

俳谐巨匠松尾芭蕉赠给时隔 20 年重逢的故友一首咏樱花：

"犹记几寒暑，二人命运喜重逢，蓬蓬勃勃樱。"

你和我两个生命被多么深的缘分联结啊。樱花在我们面前怒放，蓬蓬勃勃，使我们心心相连。

时间流逝，季节循环。蓄积心底的友情不会消失，像循环一样到时候就复苏，不懈地迈步人生。

我也和您在诗中吟咏的作家井上靖先生有深交，还出版过通信集《四季雁书》。他热爱中国的历史和文化。我对他的记忆随着时间越来越鲜明。

王蒙先生和我会见时赐予鼓励，说："创价学会致力于创造'人的新价值'，普及'崇高的理想和教养'，推进'世界和平'，兴隆'文化、教育'，我高度评价这一事实。"不辜负您的期待，我行动至今。而且，经常欣慰地关注王蒙先生大显身手的情况。

王蒙：早在"文革"中，我已经从媒体上看到对于池田大作先生与您代表的创价学会的报道，您的访华也受到了中国政要的重视。

池田先生这个名字我还是在"文革"当中知道的，就是您来中国时周恩来总理跟您会见，《人民日报》刊登了照片，那时候好像周恩来总理还在医院里面呢！这幅照片使我想到您这个人一定非常重要。

后来 1987 年在我以文化部部长的身份带一个团——中华人民

共和国政府文化代表团（十几个人）做官方访问的时候有机会见到池田会长、池田先生。您非常认真，您跟我讲在会见之前几乎用了大半夜的时间读我的作品，所以谈话当中可以很熟悉地、如数家珍地的讲到我在哪部作品说了什么话，哪部作品里写了什么话。

正如您所记忆的，1987年我曾经称道您与创价学会的作为。在一个经济生活高速运转的国家，您能够始终如一地坚守对于世道人心的关注，对于人的精神生活精神质地的重视，对于信仰、理念、道德自律的提倡，这是令人难忘的，也是令人佩服的。

池田大作：您详细记得和我的会见，令我感动。

会见时我谈了关于王蒙先生名作的感想，触及您的文学观，即：

"文学是人学。文学的存在是为了使人成为真正的人，使人际关系成为真正的人际关系。"

确然如此。现代是全球化社会，技术革新也长足进步，但可以说关键的人本身心胸扩大了、精神性进步了吗？反而令人忧虑精神性甚至在衰退。

因此才需要不断的精神革命、人间革命。

正如王蒙先生所道破的，现在才需要探究人的真实、强化人性、复兴人心纽带的文学力量。

王蒙：关于人间革命，我觉得这里头与中华文化有很多相通的地方。

因为中华文化讲究反求诸己，反求于自己，就是你不要仅仅是抱怨、批评这个社会、环境、他人。

他人好像有很多毛病，有时是权力的运作或者金钱的流转，都可能对人造成威胁，确是有很多可以批评的地方，体制的不尽合理也是需要探讨批评的。

但是人有没有可能也批评一下自己呢？就是先从自己而做起。

这个世界不理想、不让人满意，或者你所在的这块土地、这个区，有很多不尽如人意的事情，但是你自己有没有做更好的选择的可能呢？我觉得这种思路和中华文化的反求诸己的精神是一致的，和正心诚意修身、治国、平天下的精神也是一致的。

从欧洲来说，它和这个存在主义的关于选择的观念也是一致的。存在主义认为人活着的一个最大的自由，或者最必须享有的一个自由就是有所选择，你永远是可以选择的，这给我非常深的印象。

池田大作：您确实指出了重要之处。

首先看自己，而且，首先从自己做起。"自己"才是一切的起点和归宿。

王蒙先生也喜爱的俄国文豪托尔斯泰说：要解决人自己把自己推入的不幸，尤其是战争这个最大的不幸，重要的是什么呢？那不是在自己之外。"每个人心机一转，扪心自问自己到底是谁，为什么活着，应该做什么，不应该做什么，这才有可能。"

先回归人，首先要是人，这一呐喊不就是通过被对立与暴力席卷的 20 世纪的经验所得到的精神教训吗？

众所周知，托尔斯泰认真学习了孔子等的中国思想。立足于这种思想，写道："作为人的完成是一切的开始。如果这个根本被忽视，本应由它生长的枝干也不会好。"

孙文先生也通过《大学》开头的八条强调，"把一个人从内发扬到外，由一个人的内部做起，推到平天下止"。

可以说，这是痛切认识到，除非要求人从内部成长，否则，不可能开启持久而正确的和平与未来。

自己这一个人，从自我变革开始，改变身边的职场和地域。这关系到社会变革、世界和平。探求蕴含伟大可能性的一个自己的内部力量的也是佛法。在中国，佛教家天台大师智颛将其确立为"一念三千"法门。

关于这一点，我曾和中国文豪金庸先生也谈过。

王蒙：我也注意到了池田先生与一些华人名家们的对谈。

20 世纪的最后 20 年我曾多次访美，我结识了一位精通汉语的何南喜（Nancy Hodes）小姐，她曾经在北京生活多年。她是贵创价学会的信徒，她对我讲过不少有关贵创价学会的事，我从地球的那一面，也感觉到了您的奋斗与事业的巨大影响。

池田大作：多谢。其实，何南喜现在在我创办的美国创价大学执教，给来自世界各地的英才教中文。

听说她清晰记得翻译过您的作品以及在美国和您的交流，说

"非常怀念"，也很高兴这次王蒙先生和我对谈。

我的中国朋友、日本朋友、全世界的朋友都爱读王蒙先生的文学，高山景行。

从空前激荡的 20 世纪，王蒙先生在北京十几岁就投入为民众的革命，创作著名的《青春万岁》，在新疆深入学习民众生活。而且始终如一，作为热爱民众的文学家发言、写作、行动，用文学与文化的力量引导人们。

王蒙：感谢您提及我的处女作《青春万岁》，该作品始写于1953 年秋季，我 19 岁，至今已经 60 余年。至今仍然由不止一家出版社反复重印，并仍然不断地拥有年轻的读者。

在建立中华人民共和国的事业中，青年一代起了巨大的作用。

早在晚清，梁启超已经提出少年中国的口号。因为中国的传统文化，相对比较强调人的老成持重、谦虚谨慎。梁启超则希望中国焕发一种少年精神，求新求变求富强求发展。在争取新中国的变革中，年轻人也往往采取更激进与热烈的态度追求新思想新事物。

我这一代人，亲身经历了中国的新旧交替，我们用理想主义的色彩涂染了我们的青春经验。我希望这样的经验不至于被淡忘，我希望人生能够始终如一地保持一种青春的向上的奋斗的精神。为此我写下了小说，加倍地渲染了那个时代青年人的理想、追求、欢呼雀跃与凯歌行进的体验。

直到几十年后，我当然也看到了青春的缺少经验与务实精神的这一面，看到了青年人认识世界与选择道路上易于产生的简单化、两极化、非理性化的这一面。

捷克作家米兰·昆德拉，曾经著文讲青春的弱点与危险性。很有趣。

我以为中国也好，日本也好，其他国家也好，人类应该寻求在珍惜与弘扬传统与变革求新之间，在青春的活力与经验的丰富和精神状态的沉着冷静之间，在保守、坚守一切过往的美好与敢于作出新的尝试的激进之间，保持一种恰到好处的平衡。

我仍然喜欢青春万岁的说法，我还喜欢说生活万岁，爱情万岁。同时，科学的、理性的、实证的精神，宽容博大的精神，从容商量与追求和谐的精神，也是要万岁的。

池田大作：王蒙先生说到了青年在新中国建设和变革中发挥了巨大作用，近代日本的明治维新也是青年站在前头的急剧变革。

俳谐改革者正冈子规对此也强调："革命或改良是新走上社会的青年的工作。"

青春是向上的战斗。因为年轻，所以有时过火，有时被超过实际的不安和苦恼折磨。但青春有一个本质，那就是虽然种种纠葛反复却成长、发展。要最为珍视充满新绿般新鲜气息的青春生命。

如《荀子》所云，"青，取之于蓝，而青于蓝"。要超越前辈，超越师，超越上一代，展翅高飞。若是为此，我愿意毫无保留地支持。

说到传统与革新、青春能量与成熟智慧应保持平衡，我想起鲁迅先生曾一语道破："苏古掇新，精神贻彻。"

　　学习历久弥新的传统是打造个人生活方式的根子；以进取的秉性学习新文化是活在当下，打造未来；学习不同的文化就活在开放的世界。

　　现在需要的努力是在社会的一切方面和谐并发展。

　　中国的传统思想正是和谐与创造相结合。

　　《中庸》有云："致中和，天地位焉，万物育焉。"

　　《庄子》有云："两者交通成和，而物生焉。"

　　和谐，不就是使旧东西和新东西的相遇、不同东西的相遇总是能动地朝创造的方向发展吗？即使相遇而产生纠葛，也有使之不导致冲突或对立的规律起作用吧。

　　这里必须有立足于生命尊严的人生观和世界观，而且必须以互相尊敬、互相学习的态度为根干。

　　我坚信，在这个意义上，从世界来看，日本和中国漫长的文化交流史上和谐典范的史实也放射光芒。

　　王蒙：您一向对和平的坚持，对战争的厌恶和否定，对人和人之间的敬意，都给我留下了深刻的印象。

　　其实中国古代也非常强调这个"敬"字。对这个"敬"字的认识，我们看起来都觉得非常亲切。

　　池田先生的著作也非常多，言论也非常多，有的我就兴趣比较大一点。我觉得这里头有许多，我很容易接受，比如对青年的关怀，对教育的重视，对一个人的人格完美的这种追求。

　　您从正面提出了许多好的想法，虽然池田先生和我们都一样面对着世界的许多的麻烦，面对着日本的麻烦，也面对着亚洲的麻烦，面对着世界的各方面的麻烦，但总的来说，我认为池田先生是抱着一种比较健康的、正面的态度。

尤其对于青年人来说，不能够用一种悲观、失望和绝望来传播虚无与毁灭，因为青年人本来就是比较脆弱一些，您的这样一种健康的、积极的态度，我觉得是一种负责任的态度，对社会是负责任的，对年轻人是负责任的。

池田大作：王蒙先生对围绕青年的环境特别是信息化社会的问题深为忧虑啊。

由于电视、因特网、电脑、智能终端等的普及，生活大大便利了；但另一方面，感觉的、刹那的、刺激的、"有趣就行"的简单的信息发送增加，不分真实与虚伪的"玉石同柜"的各种言说充斥。

这些也正是最近王蒙先生在《因特网在扼杀文化吗？》一文中尖锐指出的。

在和我会见时，王蒙先生洞察："历史上，20世纪后半是科技进步与人的精神贫困相伴进展的时代。"而且，我和王蒙先生交谈了使"精神富足"是人生与社会幸福的精髓。

恐怕今天因特网世代怀抱的问题就是在王蒙先生所洞察的社会问题延长线上。

王蒙：我其实对于近百年来科技的迅猛发展很感兴趣。

我虽然已经不再年轻，诸如使用电脑、手机、网络、电邮、微信和各种数据软件，仍都能熟练地进行操作并且深获其益。

但我也同时看到，信息获得的便捷化、舒适化、平面化、碎片化与海量化，有造成心智危机的可能。

很简单，一个有着较高智商与精神结构的人，他上网是有自己的目的的，查某方面的资料，接收与书写信件，书写文章或寻找某种最佳路线图等等。

但一个年轻人，仅仅是由于空闲无聊而上网，在浏览 A 的时候他受到了 B 的吸引，在接触 B 的时候 CDEFG 全部跳出来了，他很可能忘记了自己上网的目的，他自身变成了网络上正在爆炸的信息的猎物。就是说，他失去了上网的目的，而他成为网络的目的物，即网络所俘获的小傻子。

请想想看，网络是科技界、商界、媒体精英们联手打造的尖端产品，他们的产品精益求精，日新月异。

而上网的中国称之为网民的人，其中的绝大多数，我估计是95% 以上，他们的智商、学识、判断力、精神生活的自我把持能力，都远远低于网络的打造匠人们。这样，他们只能被牵着鼻子走。他们在海量的、富有刺激性、挑逗性、诱惑性、新奇感与各种抓眼球能力的信息、图片、音频、视频……面前，网民只有跟着走的份儿。

科技的发展，条件的改善，使人的体能智能退化，使人变得懒惰。这无须论证。空调的发展，使人们的抗寒抗暑能力下降；交通工具的发展，使发达地区人们的奔跑速度下降。这已经无须论证了。

那么，电脑的发展，会不会使人们的智能下降呢？例如，口算、心算、书法的能力已经下降了，这难道有什么稀奇吗？

一切使人上瘾的东西都有一定的危险。我们总得想个办法，推迟白痴时代的到来。

池田大作：因特网既是丰富的人类智慧遗产，又有犯罪温床似的恶意陷阱。正因为有成为日常一部分的便利性，所以才要求人具有区别、操纵那些信息的判断力。

还不能看漏网络匿名性助长并非面对面的人际关系的谬论和残忍。沉溺于电子游戏和聊天也有陷入依存症的危险。

重要的是彻底把信息技术作为创造性生活的手段之一，如何定位其价值，而且能提高人的精神性、创造性，提高文化素质。

歌德的叙事诗《魔法师的学徒》描述了一个悖论：人一旦不能控制技术这种手段，人本身就变成它的牺牲。

人反而被人做出来的东西折腾的历史以前也反复发生。政治、经济、科学技术，本来为了人的东西把人变成手段。目的与手段的颠倒带来践踏人的惨剧。把生命以上的价值置于生命以外的东西上，终将压迫生命吧。

因此，需要经常用"为了什么"的彻底追究，返回为了人、为了生命尊严的原点。

从全世界发送的无数的信息世界在网络上扩大，但其中自己的人生真正需要的东西是多少呢？站在人生本质的次元上，觉得很庞大的信息世界或许就完全改变。

无论怎么向不伴随实体的虚拟世界寻求刺激或假想，终究自己是自己，不会成为别的。本来幸福、充实、欢喜、成长在活的现实中纠纷、努力、在交流中从自己的生命内部培养。判断信息的价值，取舍选择，其基准以"自己怎样活"这一信念为根干。

自古以来，敏锐的精神界前辈们洞察了一个人的尊严生命中与宇宙相连的无限关联和广阔。

我想起《淮南子》中的"天地宇宙，一人之身也"等语。

美国诗人惠特曼讴歌："我们每个人是不可替代的存在／我们每个人是无限的存在——每个人具有住在地上的他的她的权利／我们每个人分担地球的永远目的／我们每个人在这地上，神圣不次于地上的任何东西。"

能够从自己体内，从自己身边，从和自己相关，有缘的人以及自然环境，发现无限的尊严与价值，这就是"精神财富"。这也是佛法所指示的。

"精神财富"是自己在苦劳中赢得的人生智慧，是人的纽带，是关怀人的慈爱，是为人而行动的历史。增加"精神财富"构成能取舍选择信息的骨骼。

王蒙：您讲得很好。技术本来是通向幸福生活的手段，但技术迅速发展的魅力，精益求精的挑战，及其对于人类心智提出的永无止境的新课题，使技术成为具有无穷诱惑的宫殿，追赶技术新成就，成为人们的目标，成为体面与成功的征兆，这时，技术与金钱一样，成为令人沉醉的辉煌图景，技术从手段变成了目的。看看我的中国同胞吧，有多少人每几个月就更换一次电脑与手机的设备啊，不是为了使用而更新，而是为了享受更新的虚荣而消费，这不是使本来能动的自身变成技术的俘获物了吗?

第二回　教育与文化是希望的光源

池田大作：人的光荣与证明在教育。我认为，教育的胜利才是人的伟大胜利。

和王蒙先生会见，深刻的共鸣之一是振兴"教育"。当时您说过，教育是解决各种社会问题的突破口。

"把力气用在坚实的'造人'上，这就是开辟未来。'造人'即'造国'。"

我也说：一切取决于人，发展或衰亡都取决于"人"的培养。这才是把社会的"黑夜"变为"黎明"的钥匙。

不论时代如何演变，人本身永远是人。而且，给人带来最重要价值的是教育，这一点也不变。

王蒙：您的回忆很准确。是的，27年前与您交谈时我强调了对于教育的重视与期待。

我仍然寄希望于教育，寄希望于人们对于精神生活的关注。

比较起来，人们的物质方面的生活环境日新月异，物质财富的积累，也出现了前所未有的成绩。同时，我们看到了犯罪、贪腐、道德败坏对于人们的精神底线的冲击。

社会、人生面临的问题无数，我们谁也没有轻易解决一切问题的办法，但至少可以讨论、可以对谈、可以关注我们面临的麻烦与问题。

例如，我们到底应该怎样确立我们的核心价值？怎样确立自己的信仰与基本理念？怎样培养更多的爱心、感恩、诚信、谦卑？怎样更多更好地度过自己的一生并能对他人有益、对社会有益、对后代有益？比较起正面地讨论上述问题，痛骂、猛揭、耸人听闻的爆料与死无对证的奇闻也许更有市场，更能赢得掌声与点击。

但毕竟我们要考虑到未来，考虑到后人，考虑到人类社会发展到今天已经付出了惊人的代价，我们没有权利大言欺世，我们没有权利一味悲观，我们没有权利把人类精神生活上出现了诸种问题的责任一股脑推到他人的身上。让我们从认真地思考、诚恳地对谈和深入地讨论做起吧。

让每一个人都负起自己的责任，为了让社会和大众变得更好，哪怕是一点点，先让我们自己变得好一点点吧。

池田大作：确实像您一一指出的那样。

譬如我也感到忧虑，物质方面的生活环境的改善不结合道德层面的向上，反而被贬斥。

"衣食住"等生活基础本来就应该消除那种不安。

《孟子》说，"无恒产，因无恒心"（没有一定的职业或财产就不能有坚定的道义心或良识）；《管子》说，"仓廪实则知礼节，衣食足则知荣辱"（生活富裕，自然产生道德心，重视名誉，知耻；衣食足就知道礼节），诚然如此。

中国的传统思想熟知，适当地抓住整备人的生活基础的物质价值、经济价值完全是为了向提高人的精神、创造文化这一目的迈进。

创价学会第一任会长牧口常三郎在其主要著作《创价教育学体系》中，立足于《管子》这句话，强调必要的经济价值对于人的生活的意义。与此同时，幸福与财产绝不相同，而且不滥用财产或财力，应该为人、为社会、也就是为善的价值而充分利用。

把富当作目的，或者把满足欲望当作目的，无止境地追求富，结果使自己和他人不幸。这即是佛法说的"贪欲"。一旦陷入不惜牺牲他人的恶性膨胀的欲望，那么，不论物质上多么富，精神也变得贫困。这样，作为人是不幸的。

谨慎立足于物质价值的意义，为精神价值而行动，乃是人幸福的根本条件。

王蒙：首先我要呼应您刚才的所谈，无边的贪欲会成为一大祸害。甘地的话我至今记忆犹新。他被凶手枪杀，我也去过火葬的地方。甘地有这样的名言："地球足可以满足大家的'需要'，但满足不了大家的'贪欲'。"他讲得真好。

我也很看好创价学会在这方面的主张与在教育上的努力。

池田大作：多谢您的亲切理解。

在科学技术急速进步的时代，人的"贪欲"甚至招来了破坏地球自然环境的危机。

中国的国学大师季羡林先生对我说过：

"人本来是大自然的一部分。"

"我主张'天人合一'。'天'就是大自然，'人'就是人类，'合'指的是互相理解，缔结友谊，彼此不为敌。"

并强调："必须改变征服自然的想法和做法。"

这种方向性与佛法思想相通，即环境（依报）与人（正报）是二而不二（依正不二），而且，人的身心与国土本来是不二的（身土不二）。如您所言，为了环境保护的具体进展，"教育"很重要。

我们也在这一点上用力，努力启发市民意识。

例如，2005 年开始了联合国"可持续发展教育十年"，这是我们和其他 NGO（非政府组织）共同呼吁制定，联合国采纳的。我们在世界各地举办展览、论坛，诉求地球环境保全，予以支援。展览的一大主题是人心的变革。展览里也介绍了王蒙先生说到的甘地的话。

地球的资源是有限的，必须把潮流转向可持续开发。为此，关于破坏环境的问题，以"认识、学习现状""重看生活方式""付诸行动的赋权"这三点为轴，广泛传播很多人从本身生活所在的地方掀起变革的重要性。

季先生也洞若观火，说：

"人不只被本能驱使，是能够控制本能，既使自己发展，也使其他人、其他生物发展的。达到这一步，我认为才叫作'善'。"

现代社会不就是强烈要求教育能促成克服利己与欲望的"善"的生活方式吗？

作为创办者，我曾赠给创价学园的学生、赠给大家一个指针："不要把自己的幸福建筑在他人的不幸上。"

希望年轻一代，为人们，哪怕好像是小小的一步，也要按照自己的方式从能做的事情做起。在真正的意义上探求人的条件，拥有正确的幸福观。

教育的目的永远是人的幸福。教育就应该成为复兴精神价值、道德价值的力量。

估计还有机会再谈，其实，刚才提到的牧口第一任会长《创价教育学体系》出版才是我们创价学会（当初叫创价教育学会）的起点，那是 1930 年 11 月 18 日。

"创价"是"创造价值"。丰富的价值创造中有人生的幸福，以培育"价值创造的人格"教育为目标，展望以此为根本的社会改善。

请王蒙先生谈谈当今关于为教育尽力的想法。

王蒙：如您所知，我的童年是在当时的日本军事占领下的北平度过的。物质生活非常艰难。每个小学派有一名日籍教官。出入当时还存在的北平城墙城门，北平市民都要给在那里站岗的日军士兵鞠躬行礼。

而后是 1945 年的 8 月 15 日。我一下子受到了爱国主义的洗礼，我下决心要为祖国献身。

但是抗日战争的胜利并未给中国带来和平发展的可能，紧接着"二战"的是中国的内战。我又受到了当时的整个中国社会的革命思潮的鼓舞，一心投身到推翻国民政府的革命运动中。

高中一年级还没有学习结束，北平解放了，我脱离开学校，变成了一名青年工作干部。

同时我是一个热爱学习、热爱知识的人。我自学了许多功课。我益加羡慕与向往一个发达的教育体系的建成，向往那些能够充分接受学校的正规教育的人。

随着中国形势的发展，我深感要建设一个幸福美好富强的国家，没有良好的成功的教育体系是不可能的。

即使在战争时期中国的红色解放区，在极端困难的物质条件下，也因那里的扫盲、普及教育、普及科学知识、直至组织千万农民唱歌跳舞而享誉国内外。

20世纪90年代以来，有许多国内的大学聘请我担任它们的教授、兼职或名誉教授，我并担任过中国海洋大学的顾问、文学院长（现任名誉院长）。现在我还担任着武汉大学文学院的名誉院长。

我还多次被台湾、香港、澳门的诸多大学邀请讲学访问。

而在国外，我多次被美国、欧洲、韩国、日本的一些大学邀请去讲学与进行学术研究。

与各地各国的青年学子的接触使我扩大了视野，感受了青年人的热情与期待。他们理应有更好的未来。

不论现实生活中有多少挑战与麻烦，只要有新人在出现，在成长，只要本国确实有了正常地与积极地发展教育事业的机会，我们就有理由对未来抱有希望。

我同时也认识到，我们有责任不去过度地在青年人当中煽情与许诺，我们也不应该将复杂的世界用最简单的判断进行一相情愿的解析与误导。

我们可以考虑将自己见到的、为之痛苦的人生与社会的诸多尴尬与困境告诉青年人，让他们在勇敢决绝地批评腐败与专横的同时，知道生活的挑战与麻烦永远不会完结，树立实事求是、建设性、渐进性的思路。

池田大作：王蒙先生反复强调大人社会对青年应承担的责任，我也理解这种心情。必须告诉青年们看清事实、坚持正义的强大。

欺骗、煽动青年，加以利用，或者把他们当作牺牲品，这种不负责任与残忍何等横行。而且有种种变形，翻来覆去。

回顾历史，日本军国主义对青年也是残暴至极。灌输并利用狭隘的国家主义价值观，美化并强制他们牺牲自己的生命、剥夺他人的生命。

牧口会长反对军国主义，死在狱中。在狱中受审时他毅然谏诤军政府对中国以及亚洲进行战争的精神支柱——国家神道的谬误。

这是豁出性命的呐喊。

我本人属于被战争把青春搞得乱七八糟的一代。出自这种经历，对近代中国教育领导人蔡元培先生的洞察能深感共鸣。

"教育是帮助被教育的人，给他能发展自己的能力，完成他的人格，于人类文化上能尽一分子的责任；不是把被教育的人，造成一种特别器具，给抱有他种目的的人去应用的。"

本来教育第一是为了青年。爱护青年，彻底相信他们的可能性，缔造青年的幸福。目的是让他们向未来、向社会、向世界展翅飞翔，完成自己所负有的使命。

我强烈主张，必须从残酷的战争时代转变为新时代的，特别是年轻一代越过国境深深地缔结友情的教育交流之路很重要。

也出于这个念头，我十次访华，注意把最大的力点放在教育交流上，每次必访问教育、学术机构，和青年们交换意见。在北京大学、复旦大学以及王蒙先生任名誉文学院长的武汉大学的美丽校园都进行过富有意义的交流。

政治、经济的交流也重要，但为了未来，教育、文化的交流、青年的交流很重要，这也是我一贯的信念。

王蒙先生和哈佛大学深有缘分，我也曾两度应邀讲演。还多次和该校有识之士们对谈，其一是领导"儒教复兴"的杜维明博士（哈佛大学、北京大学教授）。对于同事塞缪尔·亨廷顿教授警告的"文明冲突"，他强调了"文明之间的对话"：

"文明间的对话，只有互相学习才会有真正的意义。而且，学习的文明、学习的人，才会获得发展和成长。抱着不学习而要教导他人的傲慢态度的文明或人，一定会不断衰退的。"

杜博士就日中关系也指出："尽管两国是邻国，但彼此无知的面纱至今还是很厚的。"他陈述了年青一代相互交流的重要性。

日中两国有现代社会共有的问题——物质主义、拜金主义等种种问题。诚如王蒙先生所言，坦率地向青年开示这些问题，和青年一同学习，携手开创新的时代，这种态度很关键。

王蒙：您讲得登高望远，很有见地。我有时也会为本国的中小学教育事业而担忧，虽然口头上说是素质教育，但是大家都在拼高考的成功率，有的孩子从上小学就被沉重的课业负担压得喘不过气来。许多学生被剥夺了游戏、看课外书、参加体育活动的机会。戴近视镜的孩子越来越多。

再者就是某些师生的道德状况不尽如人意，使人们痛感仅仅在学校里求知识是不够的，中国古人的说法，就学的意义是"读书明理"，即在求学的过程中应该明确自己的做人的底线。这条底线，应该如孟子所说，是富贵不能淫，贫贱不能移，威武不能屈的。

中国近二十年，学校数量有空前的发展，教育经费也有较大的增加，尤其是有机会受到高等教育的青年数量大增。令人高兴的还有一点，中国的大学，正在迅速地发展与包括日本的世界各国的大学开展越来越多的交流。

但教学质量、科学研究、学术水平的提高、创造性的学术成果，包括时下的学术阵容，正在受到越来越多的关注，这方面也时有尖锐的指责批评。

同时，我也希望更多的高等学校能够发挥幅射的作用，在推动文化进步与整个国民素质的提升上起到更大的作用。

寄希望于教育，寄希望于高校，寄希望于青年，寄希望于文化，这方面的事情虽然不会一帆风顺，但仍然是我们的希望。

池田大作：教育与文化正是希望的光源。

难忘的是，王蒙先生给我这样讲述过近现代中国的进程：

"不能简单地认为革命成功就马上会带来其后国家建设的成功。建设只能一步步走很长的路。"

尤其需要提高领导人和人民的资质。

中国如悠久的大河一般壮阔，历史也漫长。王蒙先生志在超越一时盛衰的、稳定的、本质性发展，我铭感肺腑。

今天中国实现经济大发展，在世界上责任加重。为加深了解中国，其源泉的文化、思想也必将更加为世界瞩目。

王蒙：自离开文化部长的职位以后，我前后访问了50多个国家和地区。我深感世界范围的文化交流的有益。

我深信国际社会的行为与言语的准则，与在国内的信念把握是相通的，不同的文化背景的人士，不同的宗教信仰与意识形态尊崇者，应该互相尊重，礼尚往来，诚实守信，与人为善，同时掌握分寸，承认各自的自主权利。

确实，世界是变得越来越小了。世界各国各地区之间，有许多差异，同时有许多共同的期待与关注。

日本人的精细敬业，美国人的务实、创造力与想象力，英国人的举止风度，意大利人的阳光与情趣，泰国人的质朴善良，印度人的忍耐与哲思，都令我赞不绝口。

池田大作：从您的话里我感受到一颗"敞开的心"，具有发现、赞美、学习、交流世界多样文化的特质。

自古中国思想里充溢着与世界多样性结合、创造和谐的风气，如《书经》提出"协和万邦"（希望世界各国共存繁荣），《庄子》主张"万物与我为一"。

今后越来越需要世界市民意识，重视"同样为人"的共同性和各自"放射个人光辉"的多样性。

创价教育创始者牧口会长强调同时有三个自觉，即扎根在自身地域的"乡民"，建造国家社会的"国民"，以世界为舞台而生的"世民（世界市民）"。认为正确地认识世界中的国、国中的乡土、乡土中的自己的位置，才能形成有明确的根的世界市民意识。

只是用"世界""人类"的观点有堕入抽象空谈的危险，只是用"国"的观点有酿成褊狭的国家主义的危险。这些都带有脱离人的现实生活实感的可能性。

陀思妥耶夫斯基提出过一个著名的问题：对人类的爱也不过是自己在心中制造的人类爱，终归无非对自己的爱。人甚至爱邻人都很难。

看似简单，但平日爱护直接接触的身边的人、身边的乡土，满怀慈爱做贡献的人生会闪耀克服自我中心性的真正的人性。这里就有成为世界模范的市民的形象。

王蒙：我不相信一个不爱自己的母亲、自己的故乡的人会爱国家爱人类，我也不相信一个对不同的肤色、不同的国籍、不同的文化传统的人抱恶劣的种族主义态度的人会是真实的爱国者。

这方面中国文化的传统中有可宝贵的训喻。

"己欲立而立人，己欲达而达人。""推己及人。""己所不欲勿施于人。""老吾老以及人之老，幼吾幼以及人之幼。"

池田大作：体现了王蒙先生的高风亮节。

释尊也反复说教设身处地地考虑，"他们和我同样，我和他们同样"。所以，不伤害、也不让伤害其他有生命的东西。

这个"发现他人"，跨越被利己主义束缚的小我，牵涉到真正意义上的巨大的"发现自己"。

谁的生命都有尊严。而且，不是出身、财产、头衔等，而是"志向什么""做了什么"，这种行为中不就有人的真正价值放射光辉吗？

《论语》有"近思，仁在其中矣"。"近思"，有把他人的事情当作自己的事情的心。《中庸》强调对他人倾心关怀的"忠恕"。这些与佛法对他人的苦恼感同身受、要予以救济的"同苦"和"慈悲"也相通。

中国文化有以尊敬他人为基础的自我陶冶、自我形成的优秀传统。这必然有助于现代世界。

我本人在和中国反复交流中对"思源"的精神传统铭感肺腑。自己出生的源泉、自己成长的土壤有故乡文化。自觉这一点，牢牢地扎根，才能绽开自己的新花。而且能加深对那些在其他不同文化有源、有根的人的理解。

总之，天台大师道破："根深则条茂，源远则流长。"精心继承悠久的中国传统文化，充分利用，一定会从中涌起新智慧。

王蒙：中国文化滋养了人口众多的中国人几千年，并对包括日本在内的许多东亚、东南亚国家人民散发了巨大的影响。对于这样的文化传统如果采取虚无主义的态度，那就是自毁自弃自戕。

一个国家正像一个人，不可能，不应该自绝于自身的历史，不应该成为失忆的白痴，而应该深沉地温习历史，借鉴历史。

当然，在近现代，日本的文化也对中国文化的开拓与发展起了重要的作用，许多现代语词，现代观念，都是从日本传入中国的，日本的文化走向与成就，对晚清以来的大量中国志士，都有启发与推动。

有学者指出，晚清以后，近现代中国知识界常用的新词语，百分之九十以上来自日本的"转口"。一个出自欧洲的新概念，是日本知识界将它们翻译成日语早年吸收了的汉字与汉词，再转回中国来的。

同时，面对着汹涌澎湃的欧洲中心的产业革命、工业化、信息化大潮，面对着西方世界高调宣扬并积累了不少的实践经验的民主自由人权的价值理念，中国文化传统确实也暴露了自身的弱项与焦虑。

正确的选择应该是尊重与弘扬中华传统文化，同时面向世界，面向未来，面向现代化，实现中华文化创造性的发展与转变。

我相信以上的说法正在被越来越多的人所接受。当然，在中国，各执一词的说法，互相责备的说法极多，这其实不坏，有助于公众自己思考判断选择。

可能我仍然有失天真，我在已知的各国寓言中独喜印度佛教《百喻经》上的《盲人摸象》的故事。如果文化学者们都能睁开眼睛，至少是多摸一会儿象，尽量摸到全象而不仅仅摸象牙象鼻子象尾巴，那就会增加更多的文化共识。

池田大作：关于日本和中国的文化交流，本来日本在两千多年往来的历史中从中国文化学来了很多东西，中国是日本的文化大恩之国。

可以说当今日中关系处于严峻的时代，也跟我提倡日中邦交正常化的时候（1968年）有天壤之别。作为日本的贸易伙伴，中国也超过美国等跃居首位。为亚洲稳定与世界和平，日中友好是绝对不可缺少的。

怀着对构筑两国和平友好的先贤们的最大敬意，我把日本和中国的纽带叫作"金桥"。

王蒙：池田先生的倡言对于中国来说是非常友好的言论。

我至今记得与池田先生初次会面时先生对于中国文化传统的高度评价。

中华文化在近代以来受挫，以致有些人甚至怀疑中华文化的合理性和生命力，但池田先生认为那是暂时的现象，从长远来说，中华文化一定能弘扬自己的优点、自己的长处。您对中华文化抱一种非常乐观的期待，这给我的影响也非常深。

　　所以，说到池田先生对于邦交正常化的努力，我们关心这件事的人都留下了深刻的印象，不会忘记。

　　池田大作：不敢当。和王蒙先生会见也谈到日本和中国的关系以及未来。

　　会见之后我曾把和您相遇的感慨与感谢写成一首诗《黑暗与黎明》献给您。结尾写道："新世纪／等待人类的黎明／金桥上你来我往／文化之光愈发强烈。"

　　您立刻赐函道谢，回应说：携手走在金桥上，一起谱写中日友好新诗篇。

　　必须更加牢固地架设无论遇到什么样风浪都不动摇的、民众心连心的金桥。和王蒙先生的对谈若有益于永久的日中和平友好，那就再高兴不过了。

　　日本作家井上靖先生也是王蒙先生的朋友，我想起他说的话。

　　他为了取材等多次去过中国，对我强调，应增加和中国方面的个人友谊，通过人的心心相触来进行超越国家的文化交流，这正是自古以来交流的原型。

　　王蒙：我也常常怀念著名的日本作家井上靖先生。

　　我第一次见到他是在西柏林，那时德国尚未统一。1985 年西柏林举行"地平线艺术节"，中国是主宾国，井上先生是坐火车到达西柏林的。由一位瑞士德语作家迪伦·马特朗诵井上先生的作品，我参加了那次朗诵活动。

井上先生担任日中文化交流协会会长，为促进两国的文化交流不遗余力。

我也常常回忆另一位日本作家水上勉先生。2003 年我率中国友协代表团访日的时候去看望过他，那时他刚刚做过外科手术，身体虚弱。他对我说，他的有生之年的唯一愿望是坐着轮椅再到中国杭州，围着西湖再转一圈。他的此话使我非常感动。

还有作曲家团伊久磨、画家东山魁夷等等，我永远不会忘记这些友人。

孟子是把朋友也算作人类的最重要的人伦关系之一的，他的教导是"朋友有义"，这话说得多么好啊。

我祝愿中日两国的人士间的友谊巩固和发展。

池田大作：是啊。其实，我也和水上勉先生、团伊久磨先生促膝交谈过。和画家东山魁夷夫妇也有交往，我的小说《人间革命》《新·人间革命》等都是用他的画装帧。

和王蒙先生有共同的友人，令我感到人的纽带之喜，友情培育友情，心心相印。

东山魁夷满怀尊敬之情指出，由于中国文化的影响，日本构筑了更高度的文化。还指出，克服文化衰退或老化的秘诀是积极吸收不同的文化，避免迷失自家文化的优点的危险，细细咀嚼，灵活地升华。

和团伊久磨先生第一次见面时，他紧紧握住我的手，大力支持我创办的民主音乐协会（民音）推进的为老百姓的艺术运动。他强烈地抱有决意，用音乐这种世界共同语言的力量、文化的交流来连结世界人民的心。这是和民音的目标深刻一致的信条。

他说："不传播的东西就不能说是真正的文化。只接受是不完整的。接受、传播必须相互提高。""哪怕劳力伤神也要诉求什么，怎样才能使人们幸福，这种态度是传播的原则。"

确实如此。迫于人的苦恼、纠葛，寻求解决的道路，有益于人们的欢喜与幸福，这应该是文化或文学的底蕴吧。共同提高精神，这应该是文化交流的根本。为加强文化的软实力，我再次下决心和王蒙先生携起手来。

王蒙：文化、尤其是文学作品的影响是巨大的，也是缓慢的。文学的力量在于深入人心。

干脆宣布文化工作者、作家是人类灵魂的工程师，也许显得有些仓促，灵魂不是金属、木质或塑胶材料，我们也不是有把握直接加工受众的匠人。

我们写作，我们探讨，我们愉悦着那些人，他们在生活中有时竞争得很紧张，有时很郁闷，他们是我们的读者、观众、听众。同时我们毕竟有所追求，有所期待，有所希望，有所臧否。

我们不能因了希望的实现并非直线前进而悲观失望，也不能因了现实不是尽如人意而一味诅咒抹杀，我们总还要尽我们的棉薄，拯救人心，温暖世情，鼓励正义，讨伐邪恶。我相信我们的努力会有正面的效果，而且，没有其他的选择。

第三回　青春与家庭、故乡以及时代

池田大作： 人生的年轮叠加，人越来越发现对生长的故乡特别思念。我青春时代爱读的近代日本作家阿部次郎说过：

"造成我这个人的最初师友不管怎么说首先是这个故乡的风土。有人问我师友时，我第一要举出这乡里的感化。"

人出生世上最初见到的是父母、家人、故乡，以及时代。

我的故乡是东京大田区。少年时代自然还是很丰富的，王蒙先生喜爱的富士山雄姿也清晰可见，春夏秋冬在原野、田地、河边玩耍。家业是养殖、制造紫菜，早上天还黑着就起床出海，在东京湾帮家里干活。所以，跟大自然打交道的辛苦也从小烙印在心里。

故乡的自然、历史、文化、生活习惯等留在幼小的生命中，培育感性和精神性，形成一辈子的基础。

我们信奉的日莲大圣人在给门下的信中，也以汉高祖刘邦看重出生地沛郡为例，认为珍惜所出生的土地作为人是当然的。

王蒙先生的出生地是北京。

北京是中国历代王朝当首都的中心地，尤其是近代，可以说这个城市集约了激荡的 20 世纪。

把北京和位于中国最西部、与中亚相连的新疆当作故乡，仿佛能看出王蒙先生人格之宏大的缘由。

王蒙：谢谢您对我的关注与了解。正如您所说的，北京是我的出生地，北京的一切，对我有很重要的意义。

但汉语中还有一个重要的概念：祖籍。我的祖籍是河北省沧州市南皮县。我的祖上，我得知的情况是曾经长期住家务农在目前为沧州市所属的孟村回族自治县。后来因为家里连续有人患病辞世，在祖父那一代，他们迁移故家到了南皮。南皮也不简单，因为晚清的洋务派大臣，著名的张之洞是南皮人。我的祖父王章峰，曾参加康梁主导的"公车上书"，要求清廷进行改革，反对清政府在甲午战争大败给日本后签订丧权辱国的《马关条约》。他还是天足会的成员，反对女性缠足。

在我出生后不久，与母亲一同回到了祖籍，南皮县芦灌乡龙堂村，在家乡待了两年左右。我学说话先学的是当地方言，后来在 4 岁时回到北京，学习的是普通话，因此我至今仍然能很好地讲那里的方言，并对那种方言有亲切感。

虽然在那里生活的时间很少，祖籍对我仍然有意义。我身上仍然有乡下人的影响，例如早睡早起的生活习惯，注意节约粮食，相信善恶报应等等。同时我也看到乡下的陋习与不开化，例如社交与礼貌的缺乏，脾气火爆，尤其是乡人对骂的野蛮与丑恶，这些我已经写到《活动变人形》里了。

池田大作：王蒙先生的作品《活动变人形》我也知道。

书中尖锐地提出问题：为什么出生在这个时代、这个地方、这个家庭？自己究竟是什么人？今后应该做什么？

这也是摸索人生道路的问题。大概青春时代谁都为自己生来的境遇而焦虑。

20世纪，我们一同活过来的时代是战争的时代。

我从小患肺病，苦于病弱，医生说"活不到30岁"。父亲也因为风湿病卧床，家业也陷入绝境，生活越来越穷苦。战争开始，四个哥哥都被征兵，就我一个人支撑父母、家庭。十五六岁在严酷的军工厂做工，还接受严格的军事训练，曾在烈日炎炎的训练中倒下，做工时咯血。

当时家里人住惯的房子也转让给别人办兵工厂，移居的房子为防备空袭的延烧而拆毁，全家被强行疏散。不得不重新盖房子，搬来家具什么的，可算要住上了，也被空袭烧掉。

大哥暂时退伍，从中国回来，含愤给我讲："战争决不是什么好事。日本军队太残暴了，中国人实在是很可怜。"敬爱的大哥的话至今留在我心中。

大哥又去了缅甸战场，阵亡了。战争结束两年后接到通知时，无论遇到什么样苦难也总是很乐观的母亲浑身颤抖地呜咽，那身影烙印在我胸中。

在故乡东京度过战时青春，这种体验成为我实践佛法的生命尊严哲理、为和平而战的出发点。

王蒙：在我 3 岁的时候，1937 年卢沟桥事变发生，日军对中国的侵略战争全面开始，我小时候听过一个词儿——"逃难"。逃难在汉语中指的是躲避战祸，尤其是躲避敌军。到底是从哪里逃向哪里，我记不清也问询不出答案来了。

我记得小时候父亲多次对我与姐姐说："你们应该记住，你们的童年是在战乱中度过的。"

我的童年经历了战争期间的一切艰难，例如，一切供应实行配给制度，粮食供应中含有难以下咽的"混合面"，即将橡子面与麸、糠等大量加入到口粮当中。还有各种防空措施，包括在窗玻璃上贴纸条、挖防空壕与空袭警报。

北京对我当然意义重大。在北京的战时生活，既让我体会到生活的艰难与危险，也模模糊糊感到了屈辱与紧张。例如上小学时要我们背诵日本占领军与汪伪当局制定的"第四次治安强化运动"的口号，它的第一句话就是"我们要剿灭共匪，肃正思想"。有趣的是，恰恰是这句口号，使我认识到了共产党在抗日战争中的重要作用，不然，为什么日军与汪伪当局，视共产党为头号敌人呢？

那时北京的胡同中有不少日军家属，我与他们的孩子也一起做过游戏，我也会唱一些日语童谣。我对日军子女，没有负面的观感记忆，童年小伙伴，不能对侵略战争负责。至今一访问日本，我就会想起自己的儿童时代。我的家人则对有些日籍男士感到不安，因为他们比较放肆，有时穿着一条裤衩非常暴露地走在胡同里，与我战后访日时在日本本土看到的彬彬有礼的日本国民完全不同。

池田大作：一想到当时日本的侵略给中国人造成多么大的苦难就心痛不已。战争是残酷的，破坏一切。而且，任何时代战争的最大受害者是庶民，是妇女，也是孩子们。

那场战争结束已过去 70 年，这期间时代、社会都发生了巨大变化。尤其是作为社会结构的重大变动，日本和中国都在变成少子化、老龄化社会，可能家庭观、家庭形象也随之变化。但是，人作为人活着，家庭的重要性任何时代都不变。

家庭是人生的基础。家庭不和使人深受其苦，而家庭和乐可说是人幸福的一个体现。

王蒙：我是非常重视婚姻、家庭的，而且由于我童年的时候在家庭里面的一些不愉快的记忆，就是我的亲生的父亲和母亲，他们之间经常吵架，最后离婚了，有些甚至是非常恐怖的和悲哀的记忆。

可能是我从自家父母的不和感到十分恐惧与痛苦，反过来我特别希望自己有一个和睦幸福的家庭。我始终认为一个男子，应该负到对家庭、对妻儿的责任。

我始终认为，在个人与体制、与社会、与国家之间，还应该也十分必要有个家庭，能够相互多一点照顾，多一点温暖，多一点相濡以沫。在 1949 年以后的风风雨雨中，我一直还比较乐观，身心都正常健康，这首先要归功于我的妻子崔瑞芳、我的孩子们、我的双亲与兄弟姐妹们，他们使我从来没有出现过孤独、晦气、悲观绝望的感受。当然，同样重要的还有朋友们。在友人当中我始终得到了应有的善意与好感。

池田大作：家人的心的牢固纽带是宝贝啊。

对于青少年来说，家庭是学习像人的样子生存的规范的摇篮。良好的家庭才是良好的教育环境，培育良好的人。而且，良好的人献身于更良好的社会建设。尤其是孩子们自然而然地从大人率先为人们和地域而行动的姿态学习。

如您所言，人生中友情是可贵的，无须赘言。没有友情的人生，不论怎样有财富或地位，人生也不能不乏味、凄寂。

《地上的天宫　北京故宫博物院展》是我创办的东京富士美术馆策划的，以家庭、女性、孩子等为主题，从 2011 年到 2012 年巡回日本全国各地展出。这个展览关注与以往不同的侧面，104 万人参观，人数刷新了日本国内举办中国美术展览会的最高纪录。听说在北京故宫博物院的国外展览会当中也是观众最多的。

2011 年发生东日本大震灾，为数甚多的海外展览会中止，但故宫博物院的先生们"要通过这个展览会疗慰灾民，为复兴出力"，"要战胜灾难，永远地平稳无事"，予以最大的支援，使展览得以举办。这种真情厚谊感动了很多日本人。

展示的很多名品中也有中国人和西方人合作的仕女图。还有壶，是一级文物，上面画有母与子的美好形象，出色地融合了东西文化的风格。

　　母与子的笑颜之花盛开处，就有和平；就有跨越国境扩展共鸣的生命光辉。

　　我第一次访华以来多次参观过故宫，和中国的先生们交谈着鉴赏文化珍宝。

　　为故宫博物院的成立和发展作出贡献的蔡元培先生曾这样强调接触优秀艺术和文化的意义：

　　"纯粹之美育，所以陶养吾人之感情，使有高尚纯洁之习惯，而使人我之见、利己损人之思念，以渐消沮者也。盖以美为普遍性，决无人我差别之见能参入其中。"

　　这种文化养育的"开放风气"也是北京的特长吧。

　　王蒙先生注目今日北京的哪一点美好品质呢？访问北京的最好时期是什么时候呢？

　　王蒙：北京最好的季节就是秋天，这是绝对没有疑问的。秋天的北京是最好的。说北京有什么特别好的地方呢？我觉得北京还是有一种，我不知道日文里能不能表达出来，就是它还有一种大气大器，它对各种大的事比较关心，包容性也还强。新的东西也能够接受，古老的东西它留下来的也很多，故宫就不必说了，就是像我现在因为是住在北京的靠北一面，那边儿还有的就是春秋战国——燕国时候的遗址——蓟门烟树。还有，就是土城——北土城、南土城，还有一些古老的、古旧的东西。现在北京话也很占优势，北京人的幽默也还可以，人多一点幽默感也有好处，北京人喜欢开玩笑。

好了，童年的事不再多说了。北京此后一直是文化中心与政治中心，这使我从小就又爱文学，又关心政治。

还有一点知识，对北京来说很重要，现在中国的普通话，台湾叫作国语，据专家们考察，是原来的北京话受了鲜卑、金、蒙古族、满各少数民族而改变了不少发音的语言，原来的北京话根据利玛窦的音标记录，是更接近于现江苏、浙江的"吴语"的。尤其在满族大量入关后，接受了北京话，又用自己的发音特色改变了它，才有了最早的朝廷官话，所以普通话在英语里被叫作"满大人"，普通话是中国多民族共同创造的，太可爱了。

关于青春与读书

池田大作：听说王蒙先生上小学时曾跳级，非常优秀。而且刻苦学习，拿到奖学金，以减轻母亲的负担。

还听说王蒙先生从年轻之日就努力读书，爱读鲁迅先生以及我也见过的巴金先生、谢冰心先生的文学，尤其被巴金先生的文学打动，立志走文学之路。

鲁迅先生青春时代留学日本，先在为中国留学生办的学校（弘文书院）学习。实际上同一时期创价学会第一任会长牧口常三郎先生在该校当教师，教地理学。

鲁迅先生在混乱的时代呐喊"救救孩子"，这是很有名的。牧口先生也主张"教育为孩子的幸福"，但军政府把孩子当作"小国民"，强制推行为军国日本的教育，牧口先生遭到镇压，被投入监狱。

我也曾和鲁迅先生的儿子周海婴先生谈过这二位的奇缘。还和继承鲁迅先生精神的北京、上海、绍兴鲁迅纪念馆的先生们长年交往。对于从青春时代爱读鲁迅先生的文学的我来说，实在是光荣之至。

您青春时代心中深深留下了鲁迅先生的什么作品呢？

王蒙：更准确地说是少年时代吧，鲁迅给我的第一个冲击是小说《祝福》，祥林嫂的命运令我五内俱焚。鲁迅并没有进行过太多的激进主义的宣传，但是读了《祝福》你不由得会激进起来。我想起一个故事，1980年我首次访美，结识了一些台湾学人同胞，我与他们共同看了中国大陆影片《祝福》，台湾同胞说："不得了，这样的片子看多了，我们也会投奔共产党的。"

我也喜欢鲁迅的《好的故事》，朦胧中有一种对于美好的事物的幻想中的爱恋。

我佩服鲁迅的深度，他对于人的灵魂的解剖与触摸，使他人难以望其项背。

池田大作：在鲁迅先生的《祝福》中，比谁都能干的主人公祥林嫂被残酷剥夺了人的尊严、女性和母亲的幸福，还遭受周围的人们欺辱，被描写得非常悲惨。正因为凝视这种盘踞在人的世界的深深黑暗，鲁迅先生才始终朝着人们的幸福黎明坚持斗争。

鲁迅先生说：

"我们追悼了过去的人，还要发愿：要自己和别人，都纯洁聪明勇猛向上。要除去虚伪的脸谱。要除去世上害己害人的昏迷和强暴。

"还要发愿：要除去于人生毫无意义的苦痛。要除去制造并赏玩别人苦痛的昏迷和强暴。

"我们还要发愿：要人类都受正当的幸福。"

可以说，正如鲁迅先生所指明，不惜自身，愿望其他人幸福的慈爱，和与人之恶战斗的勇气是一体的。

而且，鲁迅先生相信跨越任何障碍进步的"生命"所蕴藏的伟大创造力、成长力。

鲁迅先生深刻洞察"生命的路"引起我共鸣。他对探究生命的佛教深有造诣，也令我感佩。

刚才说的鲁迅先生的"发愿"令人想起大乘佛教的菩萨立下的四个"誓愿"，第一是"众生无边誓愿度"，即拯救一切众生。

进而想到鲁迅先生引导的近代中国"文学革命"的核心"白话运动"，就是说，文学基于口语，不再用难解的文言，这也出于能够有更多的民众觉醒，走正确之路的誓愿。

其次我难忘巴金先生、谢冰心先生。

和两位誓愿日中和平友好的先生就日本古典文学（《源氏物语》）、近代文学（夏目漱石）等谈论文学也记忆犹新。

巴金先生对我说：

"要用自己的作品、自己的力量救助人，用真理使世界更美好。"

"青年是未来的希望，青年前途无限，所以青年必须努力，我们也予以帮助。"

听说巴金先生也反复勉励过王蒙先生。巴金先生年轻时从鲁迅先生手里接过文学的旗帜，而接着继承的就是王蒙先生。巴金先生该多么高兴啊。

王蒙：二位先生去世后我都写过纪念文章。他们的真诚热烈感人至深。巴金先生每次同我见面都督促我说"要多写一点"，这使我永远警惕不要做一个自己不写，同时到处纠正旁人的作家。20世纪90年代，有一次去看望巴金先生，见他老人家心情不佳，我便开玩笑说，世界上有许多争拗，中国国内也有许多争拗，能不能发明一个简单的游戏规则，像玩牌似的以胜负代替争论？巴金先生笑了。事后我有些后悔，因为巴金先生是一个极认真诚恳的人，而我讲得有点放肆，我赶紧给巴金先生的女儿李小林打电话致歉，结果小林说："你的这次造访是他近年以来最快乐的一次待客。"

玩笑固是玩笑，但是反映了我的一种对于争拗的疲劳感，对于庄子的"齐物论"的靠拢，还有对于规则、运气与是非三者关系的思考。是非问题宜于学术研究，尽量不要搞得零和模式；规则制定易于生效，但不易被各方接受；运气则是三十年风水轮流转，谁也不能垄断。

池田大作：我在日本，还有到府上拜访时，也见过巴金先生的女儿李小林女士。2012 年创价学会访华团瞻仰巴金故居时也受到热忱欢迎。

刚才提及《庄子》的"齐物论"，"凡物无成与毁，复通为一"，此乎彼乎，是耶非也，超越对立差别，万物齐一，志在这种境地、理法。

《庄子》中含有对打破束缚人的社会差别而高飞的"精神自由"，和从无限宇宙俯视互相争斗的小的"精神提升"的促动。我也觉得很明白《庄子》的思想给文学的巨大影响。

20 世纪，墨西哥出身的世界诗人奥克塔维奥·帕斯也瞩目《庄子》，因为对于西方根深蒂固的"非彼即此"的对立的、二者择一的思考，东方流传着《庄子》"齐物论"的格言"是亦彼也，彼亦是也"，印度哲学的格言"汝即梵"这样融合的、一体的思考。

我对谈过的英国史学家汤因比博士从强调自己和他人、自己和宇宙的这种一体性的东方思想里发现了人克服自我中心性而扩大自己的可能性，特别是通过大乘佛教探究"生命"。

佛教迫近了贯穿人与人、人与自然、人与宇宙的根本法则。

这一点，谢冰心先生也始终凝视"生命"，感受了作为小宇宙的万物生命和大宇宙生命的交响。她说：

"生命的象征是活动，是生长，一滴一叶的活动生长，合成了整个宇宙的进化运行。"

王蒙：在"文革"结束以后，我从新疆回到北京，与谢冰心先生来往不少。她是一个文明、幽默、纯洁、高尚的爱国作家。她尤其关心女性，关心儿童，她讨厌一切装腔作势特别是吹嘘自己。她对我有一种熏陶，做人应该本分，说话不要太夸张，尤其不可显摆自身。

我认为谢冰心先生是 20 世纪中国的一个难能可贵的健康、文明、高贵的元素，如果像冰心先生这样的人再多 30 倍，一切都会是不同，中国的历史代价会少付出许多。

池田大作：和谢冰心先生的会见也成为我妻子的黄金般记忆。

谢冰心热烈赞颂日常出现在身边的坚强而朴素的生命的意义。

"弱小的草呵！

骄傲些罢，

只有你普遍的装点了世界。"

冰心文学里流淌的正是对生命的"爱心"。

这也许是女性特别闪耀的特质。

冰心先生还珍视这句话："爱书吧，它能使你生活愉快，它教给你尊重人，也尊重自己，它鼓舞你的思想感情去爱人类，爱和平。"

青春时代的读书多么重要啊。

我自己十多岁赶上战败，在日本所有价值观崩溃当中探求何谓正确的人生之路，读破世界名著，和朋友们交谈，那日日夜夜难以忘怀。

这个时候遇见了创价学会第二任会长、我的人生师傅户田城圣先生。户田先生年轻时是天才的数学教师，并爱好中国文学和历史，造诣很深。在他的熏陶下，唐诗、《三国演义》《水浒传》等中国古典文学成为我青春时代思索的粮食，青春之友。

在户田先生身边，更深入地学习了世界上古今东西的文学作品。十年里他还教给我各方面学问。即使在百忙之中，见面就叱咤激励："今天读了什么书？内容怎么样？"能有今天的我，全亏了这种训练，感激不尽。

据说近来年轻人不读书。读书，不仅是知识，也深厚地培植智慧和精神，扩大视野，从广阔的视点教给我们人的生活方式，触发跟现实战斗、战胜现实的智慧。

王蒙先生的作品《活动变人形》里有主人公倪藻少年时代爱读《世界名人小传》的情节。主人公从中发现的是和自己眼下的艰难现实（家庭、教室）不同的、人认识自己应该做的使命而奋斗的世界。

王蒙：读书是对于知识与学问的丰富，更是对于灵魂的丰富与滋养。一个不读书的灵魂是干瘪的、粗糙的、麻木的与危险的，因为它太容易上浅薄、自私与鲁莽的当。

我最近参加一些电视台的知识竞赛类节目，发现中国有许多少年青年，热衷于读书，情况不像人们说的那样悲观。有一个 12 岁的少年小雷，他已经读了《史记》十几遍，说起《史记》上的历史故事，他如数家珍。还有一位学理工的青年李先生，他读《三国演义》已经 70 多遍。

也有相反的例子，例如广西师范大学出版社的民意调查中，有不少人把中国的四大古典名著列为最不想读下去的书。我认为原因在于国家发展太快，生活方式与心态变化太快，就像在急流中人们很难把握得住自己。而网络的急剧发展，使人们在获取信息方面，日益浅薄化、海量化、便捷化、人云亦云化。现在中国的传媒也在讨论青少年的"网瘾"问题，如果一代人以上网代替阅读，我觉得那会陷入一个白痴时代。

池田大作：我也认为，失去接触好书的机会，活字文化衰退，将导致人本身的衰退。

因为有王蒙先生所指出的"抓不住自己本身"，迷失知性和道德，变成无根草，找不到人像人一样活的道路之虞。读书和深思是人确立自己、活得有意义、发挥创造力的丰富粮食。

德国诗人赫尔曼·海塞举出"中国伟人的书"是"培养教育自己、赋予自己特色"的最重要的东西之一。我喜爱他赞颂"书籍"的诗，可以说讴歌了"抓住自己本身"的读书意义。

"书籍使你成为你自己／悄悄给我带回来／那里有你需要的一切／有太阳，有星星，有月亮／因为你寻求的光／就在你自己的心中／围绕书籍的世界／成年累月探求的智慧／那时，从哪一页放射光芒／因为智慧已经是你的。"

第四回　青春年华　良师益友

青春时代师弟相遇

池田大作：日本文豪岛崎藤村说过：

"我们的生涯是我们很早的出发点决定的。心地温柔、多愁善感的青春时代我们一旦实行的方针左右我们的生涯。"

听说王蒙先生创作活动的出发点是小学时代写的长作文被恩师华霞菱老师表扬，受到了很大鼓励。

后来王蒙先生成为代表中国的作家，发表了《华老师，你在哪儿?》一文，而且在担任文化部长的时代实现了再会。这正是"不忘师"，令人感动。

王蒙：第二次世界大战后华霞菱老师去了台湾，从事国文（中文）教育。我1993年也曾到华老师在台北的府上拜访。我永远不会忘记华老师的教导。

　　池田大作：我也难忘小学时给我们读故事的老师，表扬作文鼓励我的老师，战后不久在勤工俭学的夜校像亲人一样嘘寒问暖的老师。

　　后来我到恩师户田城圣经营的出版社当少年杂志的主编，一天天拼命奔走，"把伟大的梦送给"孩子们。向著名的作家们约稿，同时自己也撰写文章。户田先生"写、写、写"的熏陶都成为宝贵的历史。

　　王蒙：池田先生的著作，我看过，但是我不能说全部都看过，因为池田先生的著作非常多，言论也非常多，有的我就兴趣比较大一点。

　　池田先生有些著作在中国大陆的书业里，肯定被归为励志类。中国书业分多少种的，是不是呀？这叫励志类。畅销书中有的是情爱小说，有的是解密，称为"爆料"的，那么会长的书籍是属于励志类，所以他很正面，这个是不容易的。

　　池田大作：感谢王蒙先生百忙之中读我的书的真情厚意。

　　总之，遇见良师的人生是幸福的。这是我出自内心的实感。

　　唐诗人韩愈强调："古之学者必有师，师者所以传道授业解惑也。"宋学祖师周敦颐说："或问曰，曷为天下善，曰师。"

　　日莲佛法也说"师亦闭邪道、趣正道等恩是深"等。

师弟是无限的向上与创造之道。要报答师恩的态度之中自古有贤人、圣人所表现的崇高的生活态度。师弟之道据说在当今社会日益淡薄了，您怎样考虑呢？

王蒙：在中国我看到了另一种师生的关系，就是在学术上拉帮结派。古谚说："吾爱吾师，吾更爱真理。"这很好。再有一个问题是，社会发展越来越快，就像手机一样日新月异，飞速更新，人们有一种浮躁心态。但是也要看到，在剧变中也有不变的东西，例如道德，例如价值，例如操守，我们在剧变中仍然应该尊师重道，而不是数典忘祖。

池田大作：不错。

孔子和弟子们，释尊和弟子们，苏格拉底、柏拉图和弟子们，他们的真理探究不是单纯在理论上，而是从整个人格启发进行的人的探究。师开拓这种倾注整个人格的真理探究与实践的道路，弟子予以继承发展。而且，不要忽略成为文学、哲学、艺术、科学兴隆以及社会变革的巨大动力的历史。

本来的师弟不是拉帮结派或帮伙师徒。师弟不是私利私欲或利害关系，而是人生活得正确的要谛。

听说王蒙先生小时候很早就在故乡北京参加革命运动，看到社会的矛盾，吸收了很多共产主义思想。

青年的环境当时跟今天不一样，但任何时代，青年都具有使命，关注社会，学习社会，怀抱巨大的理想投身于社会。因为建设未来社会的是青年。

王蒙：关心社会，关心国家，当然是无疑问的。同时，青春是学习的时期，总要有真的学识与本领，才能对社会作出更大的贡献。

关于名著《青春万岁》

池田大作：听说2013年9月到10月在中国国家博物馆举行"青春万岁——王蒙文学六十年展"，盛况空前。

19岁时的名著《青春万岁》是王蒙先生留下伟大足迹的文学活动的象征，我深有感触。

朝气蓬勃的青春生命孕育一辈子的创造种子。在青春的生命中种植什么样的种子呢？对什么充满热情呢？由此决定一生。

其实，19岁也是我人生的关键时刻。在战后的混乱时期，我初次遇见人生之师户田城圣先生，以此为契机，秉持生命尊严的佛法，投身于以和平为目标的民众运动。

也由于国家神道成为军国主义的帮凶，年轻的我对宗教抱有怀疑，但户田先生被军政府迫害，坐过两年牢，仍坚持和平信念，这种人格强烈地吸引我——"他值得信赖"。

虽然曲折，但作为弟子，沿着和平、文化、教育的道路勇往直前的人生丝毫无悔。

听说王蒙先生最喜爱的语言是"青春"。

古今东西，青春的赞歌是文学的一大主题。一言以蔽之，那赞歌就是"青春万岁"。

《青春万岁》的序诗中讴歌：

"所有的日子，所有的日子都来吧，让我编织你们，用青春的金线，和幸福的璎珞，编织你们。"

青春有纯粹的热情和努力。青春洋溢生命力，把烦恼、痛苦全变成向上的粮食。青春是人生灿烂的黄金时代，青年是社会和世界最珍贵的宝贝。

哪怕青春里劳苦与挫折接连不断，也全都有意义。正因为有青春时代的苦战奋斗，人生才获得胜利。在人生的最后一章里能呼喊青春万岁！这里也有真正的幸福和真正的人的道路。

《青春万岁》描写了新中国成立不久北京女高中生们遇见各种各样的人，在烦恼中茁壮成长的青春群像。

请谈谈您想写《青春万岁》的背景、心情，以及执笔过程中的回忆。

王蒙：我的年轻岁月恰逢旧中国的逝去与新中国的成立。青年人怀着凯歌行进的心情来欢呼雀跃，每个人都勾画着最为美好的前景。如前面所说，我们的童年时期是在战乱之中度过的，我们渴望着国家的振兴，社会的合理与有序，政治的清明，和平的经济建设，当然也渴望着自身能有所作为，能对国家人民有所贡献。我们把这一切希望寄托在新中国上了，而且我已经感觉到这种单纯、浪漫、热烈的青春岁月并不会延续很久，我应该把我的无限珍贵的青春记忆写下来。

于是有了《青春万岁》的创作与我的文学生涯的开始。

青春美丽与宝贵。青春值得重温，人只要是活着，就应该呼唤自己的青春活力。同时青春毕竟还太冲动，太不成熟，青春时期人会犯各式各样的错误。告别青春不是告别青春的活力，而是告别青春的幼稚、简单、感情用事。

我在处女作《青春万岁》中热情地歌颂了青春。但是看看我20世纪末写的《季节》系列与最近发表的《闷与狂》，则增加了一些对于青春的反思。在一次对于我的创作的讨论会上，我听到了一位教授列举捷克作家米兰·昆德拉对于青春的批评，他认为青春易于被煽惑，易于感情用事与走极端。显然，他的说法也令人很受教益。

池田大作：把青春的能量用在哪里很重要啊。大概从这一意义也可以说，有良师的青春是幸福的。而且，没有挑战的青春也没有生命的跃动和喜悦。心也未老先衰。相反，有的人上了年纪增加成熟，心朝气蓬勃。人生要能说"一辈子青春，万岁！"

这里打算就《青春万岁》的内容往下谈。

《青春万岁》里登场的女学生郑波为人善良，决心好好活，干一番大事业，报答辛辛苦苦养育她的母亲。

孩子长大成才，为人们、为社会大显身手，可以说这就是两代人一体的胜利吧。

我总是告诉我创办的创价学园、创价大学、美国创价大学的学生们，不忘记孝顺父母的人是真正受过教育的人。我认为"孝顺"在现代也是重要的生活方式。

王蒙：是的，从古代，中国人的逻辑是，孝敬是人的天性，培育与强化这种天性，也就是培养与强化人的自然而然的爱心，尊敬长上的秩序之心、感恩之心、义务责任之心，它的意义大大超过了孝顺本身的含义。当然，正如老子所说："皆知善之为善，斯不善矣。"说得太多太夸张了，也会出现作伪与作秀，例如《二十四孝》上的某些夸大其词的孝顺故事，鲁迅先生对此也作过严厉的批评。

池田大作：孝行不是盲目地服从父母，特别是父母有错，反倒是孩子引导父母，这才是真正的孝行。

《法华经·妙庄严王本事品第二十七》中有两个王子的逸话，他们用自己的成长感动邪见的父亲，把他引上正确的教义。其实，中国佛教家天台大师曾论说他们是由于过去世的缘成为父子的。日莲大圣人明示了立于过去、现在、未来三世生命观上的真正的孝养状态，并教导父子共同走正确的人生之路。

青春时代如何决定去向是《青春万岁》的一个主题。去向与怎样度过人生相重，所以在青春里也是特别重要的选择吧。

女学生郑波的志愿是桥梁建筑，但放弃了，选择了教师的道路。

因为她希望不要因为教师少，孩子们失学。她本人就失过学，想念书也不能念。

她还发现教育是另一种桥梁的意义，孩子们通过它走向"文化、科学和觉悟"。

在严酷的现实社会中能实现理想、如愿就职的青年也许绝不多。

即使不能如愿，也不贬低自己，羡慕别人，而是在自己的道路上发现使命，在自己所在的地方按照自己的方式为人做贡献。创造价值不就是青春的道路吗？

王蒙先生也充满建设祖国的热情，当初立志当建筑工程师，但被交给了其他的重要任务，只好放弃了。

回头看，不是建筑，而是走了文学之路，有什么想法呢？

王蒙：是啊，年轻的时候我想当建筑师，后来还想到交通运输行业中做事，后来写起了小说，这说明生活的领域还是很辽阔的，我感谢命运给我提供的这么多喜好和道路。

每个人的生活道路都是各有特点的，有的人一下子获得了从事自己喜爱的职业的条件，这太幸福，太幸福了也会有平淡感或者缩小了自己的经验与关注的领域，有时候不得不不断地调整自己的爱好与生活方式。例如鲁迅先生，本来到日本是去学医，后来他走上了文学写作的道路，每个人只能以自己的方式来安排自己，来适应环境，或者回应挑战，克服障碍。问题在于理想至上与实事求是上的平衡，失落理想是可悲的，理想与现实脱节，搞得自己碰壁受挫，头破血流，也是可悲的吧。

池田大作： 去向或就职的选择每个人情况各异。但是我认为，构成其根本的人生目的观很重要。

我本身以前做过很多种工作。我讲过少年时代帮家里养殖制作紫菜，此外还送过报。在送报的过程中产生了舞文弄墨的志向，但现实是战时战后在铁工厂、印刷厂、工业会做工。后来进了恩师户田先生的出版社，当少年杂志的编辑，以为靠近了文笔志向，事业却由于战后经济混乱陷入了困境。户田先生着手金融业，我又向这个最怵头的工作挑战。

我的骄傲是从事哪个工作都全力以赴。

如果把得到特定的地位、境遇、职业当作目的，那么，得不到也许就会是挫折。但是，即使从事不理想的工作也付出努力，从中发现生存的意义，喜欢起那个工作，最终变成最好的改行，这种故事也很多。也有在工作中充分发挥就业受挫的体验的。

总之，不论定下怎样的去向，其根干要具有为和平、为人们、为社会做贡献的巨大的目的观，人生才充实、向上，以至创造价值。

友情也是《青春万岁》的重要主题。

例如女学生郑波是一个认真、努力的人，好友蕾云热情而勇敢，性格不同的两个人互相很了解，关系好，同志式的友情清纯感人。

另外，优秀的女学生李春怀抱崇高的理想努力学习，有一种脱离朋友、脱离大家的孤立倾向。

老师告诫她：

"你绝不能只关心分数，不关心灵魂；只关心自己，不关心大家。"

李春经历了种种坎坷，毕业时说：

"我过去是太骄傲，太狭隘了，我要和同学们一起前进。"

对于学生来说，学习、学力当然很重要，而能够超越利害、共同成长的纯粹的青春友情是一生的财富。另一方面，年青一代烦恼多的也是人际关系。

王蒙：我比较早地参加了青年工作，我的比较外向的爱说、爱交谈、爱学习的性格也决定了我的生活道路，我从很小就注意与朋友们在一起。当年新中国所提倡的"批评与自我批评"还是有很大作用的，我在这样的批评与自我批评中得到了很多好处，例如学会了不但要考虑自己的要求与情绪，还要考虑他人的要求与情绪，人不能妄自尊大，人应该尊重与理解他人等。

池田大作：愿意倾听、理解与己不同的他人的想法，这种姿态在构筑与他人"共生"的人生态度上面是不可或缺的。

日莲佛法说："人向镜中礼拜时，则镜中之影又向己礼拜矣。"这一原理是尊重对方的心使自己发光，对方也相应产生尊重之心。

真正的友情产生于坦率的对话、共同劳苦以及承认别人的人格，关系到人生喜悦和提高自己。

友情也是中国文学的主题之一。唐诗中随处可见，讴歌那种不被岁月、境遇、距离等左右的崇高友情。

例如白居易写道：

"不因身病久，不因命多蹇。平生亲友心，岂得知深浅。"

"官从分紧慢，情莫问荣枯。"

还有王维为阿倍仲麻吕写道："我无尔诈，尔无我虞。彼以好来，废关弛禁。上敷文教，虚至实归。故人民杂居，往来如市。"这是超越国家的友情的光辉实例。

中国文学里丰富多彩的"友情文化"如花盛开。

王蒙：这是一个很好的话题。令人惊异的是，中国古代讲"五伦"，即五种最重要最亲密的人际关系：夫妇、父子、兄弟、君臣、朋友。可以看到中国人对于朋友关系的重视与珍惜。

中国文学中有许多记述朋友关系的作品，例如杜甫写李白的诗："冠盖满京华，斯人独憔悴"，"白也诗无敌，飘然思不群"，何等感人。"俞伯牙摔琴谢知音"的故事也感人肺腑。到现在中国人将好朋友称为"知音"，就是一个朋友能精准地了解你演奏的乐曲。有时我们又称知音为知己。鲁迅的对联中有"人生得一知己足矣，斯世当以同怀视之"。人们也乐于谈论民国早年大学者王国维的自杀，认为陈寅恪先生对王国维自杀的解释应算是王国维的知音、知己。这样的朋友观念是很有价值的，这样的朋友观与慈悲观、爱心观、亲民观也是相通的。

池田大作：佛法说的"慈悲"，语源上溯到巴利语、梵语，"慈"有"真实的友情"，"悲"有"和善"等意思。

释尊甚至说，有善友是佛道圆满。可见在人的提高上多么重视善友带来的启发、跟善友的切磋琢磨。

而且日莲佛法说："喜者，自他共喜也。""自他共有智慧与慈悲，是云喜也。"促使跟别人、善友共同培养智慧与慈悲、共同提高的"喜"的人生。

好像一个人就没有人际关系的麻烦，自由自在，但没有启发自己的善友，其实失掉了成长的机会，是人生的一大损失。青年寻求好的友情，和别人携手共进。

"青春"的价值越大，助其成长的"教育"价值也越大。因而，"青春万岁"也包含对教育的赞歌——"教育万岁"。教育是神圣的事业。

《青春万岁》里女学生郑波怀抱的教育工作者使命被大力歌颂。做一个教师，敲钟唤醒青春的心！

《青春万岁》还写道：不只是知识，教育工作者对于学生的精神和身体的成长也是第一个负责者。爱孩子胜过爱自己，爱护他们，指引他们。

对此我很有同感。

创价学会第一任会长、创价教育创始人牧口常三郎先生强调："教育是人生最困难的技术和艺术，除非有最优秀的人才，否则无法成功。"教育是如此深奥的，教育的深度决定社会精神性的深度、文化的深度。教育是社会发展的基础。

王蒙：我在现今的首都师范大学执教时的许多学生至今仍然与我有友谊的联系，例如冯立三先生等。有更多的与青年人接触切磋的机会，是一件好事情。

在中国有许多学者认为日本的成功首先是教育的成功。教育的成功离不开教师的人格与学识的完整，更离不开社会环境的优化。至少从事教育事业的人们应该对自己有一个比较崇高与全面的要求。从先秦到今天，人们相信"身教重于言教"，我想这是有道理的。

池田大作：完全明白。我也一直说："教师是最大的教育环境。"

日中邦交正常化之后，创价大学1975年接收了中国第一批公费留学生，教日语的学科由人品和教学法最好的老师担任，也包括生活方面，以日中友好之心亲如骨肉地照顾，指导学习。从创价大学起飞的中国留学生如今大显身手，如程永华驻日大使，令我感到无比欣慰。

现在，创价大学缔结了交流协定的中国大学有50所。

我坚信，不断地进行这样的教育交流、青年交流，就将造就贡献于永久和平与安定的人才。

王蒙：我是觉得这是一个非常好的事情，非常明显，就是中国和日本这两个近邻的国家还需要有更多的相互的了解，需要对彼此的社会的情况，对各自所面临的问题，还有很大的空间能够了解得更多。因为中国和日本一方面，光从面孔上看，也看不出有多大区别的，甚至于看文字，日本的片假名、平假名也还看到一些汉字，而且有些字的用法，各有各的特点，却又有共同的理解。这对于了解两国文化的异同，也是极有趣味的。

但是另一方面，又在社会规范和思维模式上有相当的距离，所以互相留学这事我觉得是非常好。当然有创价学会推动的。另外就是从整个日本社会、中国社会来说，包括留学生的交流，游客的交流，文艺工作者、作家的交流都是令人非常高兴的事情。

我坚信从创价学会和池田名誉会长来说，他们希望中日两国有更好的交流，更多的相互理解，在更多的领域有很好的合作，这样一个用意、这样一个动机，这个是无可怀疑的。而且这一点和我个人的想法也是一样的。

至于青年交流更是我所希望的，我们谈留学生的时候也已经谈过，这一点呢，我看包括中国大陆的主流媒体，他们的提法也是这样。

池田大作：就说最近 2014 年 5 月，创价学会的日中友好青年交流团访问中国，会见了全国青联、北京师范大学中国文化力研究中心的诸位，还参加南开大学、广东省社会科学院举办的论坛，得到了非常有意义的机会，我从心里表示感谢。秋 11 月又有全青联代表们访问东京、四国、关西等，在各地烙印了宏达的友好历史。而且第二年，2015 年 6 月也有学会青年交流团访问北京、天津、延边、大连。全青联和学会青年部的交流已超过三十年。年青一代要借助青年的交流开创日中友好新时代的愿望令我感到非常高兴。

诗人、教育家陶行知先生讴歌：

"地球运行是永远的前进，没有回头的可能。""我们只能向前开辟创造，没有什么可复。"

　　我们希望和中国的先生们一道，为日中友好，为青年，继续进行和平与教育的价值创造。

　　这一回的最后，您还有什么特别想通过《青春万岁》向青年诉求的吗？

　　王蒙：我想说的是，青春转瞬即逝，长大了以后会做到许多青年时代做不到的事，青春不应该过于急躁，但是，长大了以后能做到的事却很难包括那些只有青春时期能做到的事。我已经写作了60年，但是《青春万岁》是只有19岁时才能出来的作品。青春与成年，互不取代，青春应该做应该做的一切事，这就叫莫负青春。

　　顺便我说明一下，2013年在北京的国家博物馆举行的我的60年生活与创作展览，名为"青春万岁"，是指我至今仍然保持着某种青春的精神与活力。当然，"青春万岁"四个字，来自我的同名小说。但展览的内容，并不是以该书为中心。我仍然感谢您对此书的关注，谢谢您。

第五回　创造之路

池田大作：唐诗人柳宗元强调："文者以明道。"

真实的话语、希望的话语、勇敢的话语、共鸣的话语、鼓励的话语有力量地扩展，人就会成长，社会就会繁荣。

虚伪的话语、伤人的话语、贬斥的话语、轻薄的话语、丑恶的话语蔓延，人就会迷茫，社会就会衰败。

尤其在现代，为推销而煽情的报道、影像、出版很多，因此有心人指出，希望更多地出现深入考察人的成长与内心的文学作品。

所谓"文如其人"，说到底，作者本身的思想深度如实反映在作品中。

也是为青年，关于作家应具备的态度、心态，请谈谈您的信条。

王蒙：一千名作家有一千种心态与风格，我从来不想为写作人指出一种共同的规范。但是我可以说到我自己，我对大千世界兴味盎然，我对生活充满热爱，我喜欢同道，也喜欢与我完全不同的人的生活样式与做人之道。我相信世界是由于多样而有趣的。我相信是文学，是阅读激活了人的良心、智慧、感官与灵魂。我认为文学艺术的最可贵之处是感动人，使人变得比他现今的样子好那么一点点。

池田大作：让人睁开眼睛看世界丰富多彩的美，发觉生在这个世界的自身的好，这就是文学的使命。

谁都有尊贵至极的生命。那生命里各有像自己的可贵使命的种子。日莲佛法说："不改樱梅桃李各各之当体。"樱像樱，梅像梅，桃像桃，李像李，烂漫开放。人也如此，绽开只自己具有的个性之花、创造之花，而且扩大丰富多彩的人生的花园。这里也有信仰的一大目的。

王蒙先生总是在致力于新的创造，以前也有过不振或碰壁吗？山穷水尽疑无路时，要打开出路，关键是什么？

王蒙：这个很多啦！因为任何新的探索，我们叫探索或者创作呢，对它的评价都不是一样的。所以早在我22岁的时候，就因为这篇小说——《组织部来了个年轻人》引起了全国的争论，一直到毛泽东都参加了这个争论，所以这个丝毫不足为奇。我跟你们说一个我内心的秘密，就是我碰到一些挫折或者碰到负面的评价的时候，我暗暗地有一种得意之感，就是说明我的这个影响。我那个时候非常年轻，才20多岁，我的一篇小说能引起全国的成千上万的人在那儿讨论，我觉得这个也够厉害的啦！这不见得一定是坏事呀！所以我有一种对自己的安慰、一种鼓励，这是中国人的特点。因为中国人从《易经》上，从老子时期就认为世界上有很多事情是物极必反的，你被大家都夸奖，人人都夸奖你，也不见得是好事。这个法国的哲学家——狄德罗说过，如果所有的人都批评我，我会很难过；如果所有的人都夸奖我，我会羞愧得无地自容，因为他证明我是一个庸人，甚至是一个伪善者。这个狄德罗说得太好了！就是说任何一种见解不可能人人都接受，除了你是毫无价值。

池田大作：确实如此。

狄德罗说：自己的艺术信念是"真、善、美密切结合"，"真就是美，善就是美"。

因此，艺术也好，社会也好，都严厉指责虚伪、徒有其表的感情、弄虚作假的行为、装腔作势、不懂装懂。美德被损害，就拥护宣扬美德，恶德得志，就予以抨击。

为了真实与正义，不怕非难，战斗到底。这种屹然挺立的精神斗争也是创造之源吧。

我想起曾做过对谈的法国行动派作家、担任过文化部长的安德列·马尔罗的话：

"光荣是通过令人看不下去的侮辱发现那最高的光辉。"

"做该做的事，让人议论吧。"

他也是跟法西斯战斗到底的抵抗运动勇士。从他那锐利的目光和坚定的语气传出了不屈的信念与强韧的知性。

　　王蒙：一个人你在这个社会里头影响越大，甚至成就越大，批评你的人也就越多。这个网上对我的批评也很多呀！香港对我的批评也非常多。池田先生在日本也并非一帆风顺，也有人批评您，这个我都知道，我完全了解这种状态，这太容易理解了。

　　我还有一个经验，就是自己拥有不止一个世界。文学的问题现在真的不可开交，我们先不谈文学，我们可以先谈别的。先谈青年励志呀，谈外国语学习呀，甚至我们谈各地的见闻和旅行呀，我们可以谈谈这个方面。如果我旅行的权利也被剥夺了，那我还可以读书呀，我可以找一些毫不相干的书呀，也可以看很严肃的书呀，可以看诸子百家呀，可以读英语书，虽然我读英语很难，你拿一个Dictionary（字典）就可以读呀，我还可以读维吾尔语的书呀，突厥语的书呀，我也可以读书。如果读书也不可以了，我还可以游泳打球呀，所以除非被杀掉，如果杀掉我也没有办法了，只要是不被杀掉，你总有选择的余地，总有做自己想要做的事情的余地。你自己应该有办法的，你如果没有办法了，你自己有责任，是不是？

　　所以一个人他要要求自己。我还有一个经验就是学习，在我最最大的逆境，最不愉快的时候，有一件事别人很难剥夺我，就是学习，是不是呀？你可以学习，大东西要学，小东西也要学，你可以学语言，你可以学文化，你可以学宗教，对不对？我并不是一个教徒，但我在新疆期间我对伊斯兰教也下了一点功夫，我也阅读有关的书籍呀！所以一个人如果自己不毁灭自己，很难被外界的势力所毁灭。

池田大作：同意。只要自己不动摇，不屈服，就一定有希望。活着就有路。处于任何境遇，决定自己人生的主体也是自己。

释尊说：自己心为师，不依他为师；自己为师者，长作真智师。

死必须一个人迎来，人生的重要问题必须作为一个人去面对。怎样造就自己，不就是一切的根干吗？这里有文学，也有佛法锐利地注视探求之处。

第二故乡新疆

池田大作：刚才也说到了，王蒙先生从 29 岁到 45 岁，正当年富力强的岁月，作为新疆一庶民，在庶民当中和庶民一起劳动。而且把新疆当作故乡，当作文学与人生的原点。

所以想谈王蒙先生的新疆体验、先生以新疆为舞台的作品等。

中国有一首很有名的赞美新疆的歌曲：

"我们新疆好地方啊／天山南北好牧场／戈壁沙滩变良田／积雪溶化灌农庄／戈壁沙滩变良田／积雪溶化灌农庄／我们美丽的田园／我们可爱的家乡。"

听说多次去过新疆的周恩来总理也喜欢这首歌。

一说新疆，我们就想起古代的丝绸之路。我也见过很多新疆人，接受过招待。我本人还未能去憧憬的新疆，但我的长子和三子参加创价学园访华团去过（1984 年 8 月）。听他们详细讲述过，在吐鲁番到维吾尔族农家做客；在乌鲁木齐和同样从事教育的人交换意见；在南山牧场还进过毡房，和哈萨克族人交流；参观历史悠久的柏孜克里克千佛洞等文化遗产，饱览火焰山、天池等雄伟的新疆风光。那是夏天，说是西瓜和葡萄很好吃，难以忘怀。（笑）

新疆的自然中，王蒙先生最喜好什么样的风景？

王蒙：一个是草原，一个是冬日的漫天大雪。那是世界的展现，比阔大更阔大，比强壮更强壮，比雄健更雄健。当然，新疆的自然环境也有严酷的一面，例如干涸的戈壁滩，沙漠，盐碱地，植被相当少的秃山，但是这种荒凉也给人以拷问和启示，人生并不甜甜蜜蜜，人需要迎接挑战，需要克服困难，需要忍耐一切不顺利的境遇。

如果有人问我说：外国人访问中国的话，您特别要推荐哪里？为什么？我会回答：到新疆吧！因为我喜欢新疆，而且新疆的风光和内地有很大的不同。

因为现在新疆传出很多负面的消息，令人心情沉重的消息。经过传媒的扩大，让人心情更沉重，还不如干脆去看一看，看一看也许会发现没有想象的那么糟。

池田大作：王蒙先生去的新疆无论社会还是环境大概跟北京都大不一样吧。

在新天地里融入人们的生活，和人们建立信赖，是无比宝贵的体验。

人生在新疆重新起步，留意的是什么？

王蒙：我的特点是喜欢与汲取一切新的经验，新的知识，新的生活方式。当地的少数民族特别是维吾尔族，他们的一切都吸引了我的注意力。一个不知道本民族的人是很难理解不同的民族与阔大的世界的；同样，一个没有任何不同的文化经验的人，一个对世界一无所知的人，也正确理解不了自身，做不好自己的事情。

池田大作：在这个意义上，多样文明交流，优秀的文化如花绽开，产生多彩多姿的人才，大显身手。新疆的历史有很多值得学习的地方。

听说您在新疆学会了维吾尔语，怎么学的呢？维吾尔语的魅力在哪里？

王蒙：维吾尔语是阿尔泰语系的一种语言，日语也是阿尔泰系统的语言啊。都是主语、宾语，最后才说谓语的次序，都是一句话最后才表示肯定或否定的。但是维吾尔语吸收了大量汉语借词与中原文化。我到新疆后，一方面找到了有关教材与语言理论介绍的文字材料，更主要的是靠与朝夕共处的维吾尔族农民在一起学习。什么是语言？语言是生活与人的表现。我爱生活，爱各民族的人，所以，学习语言是一种享受。

我的想法是，人生一世，要有开放的心胸，要有对异质文化的兴趣，要有多元与世界的观念，要把语言当作活生生的精灵来拥抱与亲近，要在不同语言的学习当中感受世界，感受生命，感受爱与信仰，感受人的力量，大自然的力量，终极的即神学的力量。

池田大作：这是对学习语言的年青一代富有启示的指南。

对于人来说，充满世界的色彩、声音、节奏、形状、动作，所有的生命行为都具有意义。这些都可以说是语言。自古敏锐地感受它，作为人的语言表现的就是诗歌，文学。

各种文化里都有构成灵魂的诗歌。而且，学习诗歌一定会成为门径，理解、接近生活在那种文化中的人的心。

王蒙先生在《故乡行——重访巴彦岱》中描写了在新疆和庶民的美好交流。在此略举令我感动的场面：

王蒙先生被无理剥夺了写作的权利，在苦难中阿卜都热合曼老爹用自己的信念鼓励您。

"没有诗人，一个国家还能算是一个国家吗?""放心吧，政策不会老是这个样子的。"

这是认识诗在社会中的意义的动人心弦的话语。

王蒙先生从巴彦岱前去乌鲁木齐时，第二生产大队支部书记阿西穆·玉素甫曾这样鼓励：

"不要有什么顾虑，放心大胆地去吧!""如果他们不需要你，我们需要你。你随时可以带着全家回来。"

过去的大队会计小阿卜都热合曼库尔班亲切地说：

"我不知道王蒙哥是不是一位作家，我只知道你是巴彦岱的一个农民。"

这里饱含新疆人的强健、信赖、温和、真诚、鼓励。

总之，王蒙先生对新疆的人们说：

"有生之日，一息尚存，我不能辜负你们，我不能背叛你们。"

"我深信，人民中间最重要的字是爱，是信任，是情义，是快乐与生机，是生活与日子，是共鸣与交融。"

对于长年推进和平与文化的民众运动的我来说，句句都能从心底产生共鸣。

王蒙先生正是在新疆赢得了"民众这个永远的故乡"。

在如今人际关系淡漠、危险之中，王蒙先生的新疆文学描写了绝不能丧失的互相支持的心和人的连带感。

王蒙：我要说的是，新疆各族人民对我恩重如山，在困难的情况下，他们保护了我，温暖了我。

有一次与香港的媒体朋友谈到了此话，在座的所有朋友，包括我自己，都落了泪。

最近，听说在一次活动中，一个藏族学者问一个维吾尔族学者，你们为什么那样喜欢王蒙？回答是，他把心交给了新疆各族人民，各族人民也愿意把心交给他。我听后感奋不已。

新疆生活对于我来说是难忘的。很难设想，在那个特殊的年代，我可能有更好的生活与命运。在新疆的生活以后，我成熟得多也坚强得多了。同时我仍然充满乐观阳光，我相信世界是美好的，友谊与善良是不可摧毁的，知识与智慧是不可摧毁的，在失去幼稚与狭隘性的时候，我们不会失去理念、兴趣与欢喜。

池田大作：王蒙先生去的新疆伊犁听说是很多中亚人种、民族共存的天地。

王蒙先生的新疆文学反映了各人种、民族的多样性的美质和生活，同时勾画出多样性深处同样是人的互相共鸣。

例如：

作品《哦，穆罕默德·阿麦德》里的阿麦德摆脱封闭的民族主义和地方主义，充当不同民族的桥梁。他翻来覆去说的话语是"心疼"。时代、社会虽然不同，但我想起了法国哲学家西莫内·帕耶把"痛心"作为世界相通的普遍心情。"同苦"——把他人的痛当作自己的痛，共同受苦，在佛法中也是根干之一。

再如：

作品《淡灰色的眼珠》里登场的木匠马尔克，他的母亲被严酷的境遇所迫，从俄国辗转流落到中国。

他对"老王"这样感叹："人是什么呢?""我看，人是沙子。风往哪里吹，你就要到哪里去。"

马尔克忧虑被社会混乱摆布的悲惨，"老王"回答："我不同意，如果你只是一粒沙子，那么那些木器呢? 一粒沙子会作出那么精巧美丽、艺术品一样的木器来吗?"

马尔克就振作起来。

"他承认我说得对，因为一粒沙子是没有灵魂的，而他和他的木器都是有灵魂的。"

面对多么严重的苦难，也要在那个时候那种地方创造有价值的东西，留下活过的证明。价值创造才是人的证明。

王蒙先生在新疆的多样性之中捕捉人的普遍性本质。从这一观点，有什么文化留在难忘的记忆或印象里吗?

王蒙：2013 年，花城出版社出版了我的封存 30 多年的长篇小说《这边风景》，上下两册，70 万字，是专门写新疆的各族人民的生活特别是伊犁地区的维吾尔族农民的生活的，我写到的东西太多了，以致于有的评论家说，书里的生活细节排山倒海，还有的人说那是维吾尔族人的"清明上河图"。

这里，就您的所问，我只说一点，就是新疆的音乐，包括民歌与《十二木卡姆》等大型作品。我在我的一首诗里说，因为有了木卡姆，世界不再寂寞荒凉。我想不用再补充了。

池田大作："十二木卡姆犹如一首摇篮曲，维吾尔人伴随着这首乐曲诞生"，各种各样的人生智慧也倾注在这韵味深沉的歌词里。

"不登上巍巍的高山，美好的前景很难看见；不骑上黑色的走马，难以穿越茫茫荒原。"

"粗心之人何以知道泪眼滢滢者的苦况；星星的秘密，该去问那些彻夜不眠之人。"

"蠢人啊，快自愿放弃相互的仇恨与敌意吧，否则，你纵然费尽心机也不能将命运改变。"

只谙习这样的歌词也领悟和平的、人性的心情。

我和俯瞰人类史的汤因比博士对谈时曾问过："博士想生在什么时代的什么地方呢？"

博士这样回答：

"我想出生在很多不同的民族、不同的文明相遇、接触、融合的国家，可能的话，最好是公元开始不久的时代的新疆。

正好这时候大乘佛教从印度经新疆传向东亚。

当时中亚是佛教、印度文明、希腊文明、伊朗文明、中国文明汇合的地方。我也想在当时的种种事情中起一点作用。假如生为喀什或和田那样的中亚一个城市的居民，最容易做到吧。"

令人感到俯瞰世界史的博士多么重视新疆的历史啊。

王蒙：是的，新疆是中国的西部门户，西部窗口。它那里，中原文化、西域文化、佛教文化、萨满教文化、伊斯兰文化与苏俄文化交织在一起，形成了独特的文化风景。

池田大作：新疆也是佛教文化大为兴隆的天地。

库车出身的鸠摩罗什把印度传来的多达三百几十卷的经典翻译成汉文。特别是《妙法莲华经》(《法华经》)从中国传到日本，成为日本平安文化繁荣的基础。《法华经》还被译成多种语言，其中也包括古维吾尔语。

以前吐鲁番博物馆赠送了从柏孜克里千佛洞出土的鸠摩罗什译《妙法莲华经·观世音菩萨普门品第二十五》断简（559年抄写）的贵重复制品。

《妙法莲华经》观世音菩萨普门品中有云："众生被困厄，无量苦逼身，观音妙智力，能救世间苦。"而且记述了人们受苦，不管在哪里，也前往救助的生活方式。

佛法的这种慈悲也成为当时文化艺术的创造力。

吐鲁番的柏孜克里克千佛洞的画广为人知，和田的丹丹乌里克遗迹等描绘佛教美术的手法传到唐长安，传到日本奈良，反映在日本佛教美术中。

在文化的各种层次上，新疆有恩于日本。

王蒙：新疆是一个文化多元而浑然一体的地方。作为东方文化，它与中原的敬天积善、古道热肠、崇文尚礼、仁德教化、勤俭重农、太平有序的观念是一致的，与日本的民族文化包括贵创价学会的文化努力方向也是和谐的。同时，从历史上看，它的文化包括宗教信仰上的多样性与演变过程，较少造成文化的与族群的激烈冲突，这是很重要的。一体多元的另一面，是包容与互相尊重，这是唯一的选择，这是新疆的也是中国的乃至世界的期盼。

池田大作：这一点非常重要。

王蒙先生所说的一体性和多样性、包容性和相互尊重的全部基础中，我认为绝对的生命尊严的价值观是不可或缺的。文学、艺术、教育、宗教，应该在各个领域确立这种价值观。

高兴的是，也有从新疆来创价大学学习的留学生。和新疆大学、新疆财经大学、新疆医科大学、新疆师范大学也进行交流。

孙思邈有言："以为人命至重，有贵千金，一方济之，德逾于此。"而且，以佛法说的"大慈大悲"，孟子强调的"恻隐之心"，断言"不得问其贵贱贫富，长幼妍媸，怨亲善友，华夷愚智"，从病痛普遍地救助人们。

《哦，穆罕默德·阿麦德》中有一节，阿麦德告诉主人公，如果学维吾尔语，就学那些文明的、美妙的、诗一样的话好了，给他朗读纳瓦依的诗。

创价大学纪念讲堂前面立着乌兹别克斯坦共和国赠送的丝绸之路诗人纳瓦依的高大塑像。

这座纳瓦依像的台座上铭刻纳瓦依的诗句："所有的人哟 / 不要互相憎恨 / 彼此成为好朋友 / 友情是人应该走的路。"

与新疆密切相关的中亚文化中，譬如纳瓦依，王蒙先生关注的文化、文学是什么？

王蒙：纳瓦依在新疆这边，更多地被认为是维吾尔诗人，维吾尔语言与乌兹别克语言本来就很接近。我 1984 年访问乌兹别克的时候，可以不费力地与当地人民用维吾尔语交谈，对此，我并没有排他的见解。我关注的首先是他们的音乐歌曲，包括例如十二卡姆的歌词即诗歌。纳瓦依的名言是"忧郁是歌曲的灵魂"；还有一个，纳瓦依说："闪电虽然巨大，由于它的弯曲，于人无补；蜡烛虽然很小，由于它的直道，它能够照亮一间屋子。"这确实很动人。其次是历史文化故事，例如古代的后来毁于战争的一些历史名城。例如撒马尔汗、布哈拉的经历等。印度前驻华大使、女诗人拉奥琪夫人写过一首描写撒马尔汗的诗，我读了很兴奋，他把它翻译成了中文，发表了。

人的经验是奇妙的，正是在"文革"当中，在新疆的伊犁地区，在全国惴惴不安的时刻，我阅读了几十本乌兹别克斯坦、哈萨克斯坦出版的维吾尔文、乌兹别克文、包括用斯拉夫新文字拼音的乌兹别克文的书籍，满足了我的求知欲，扩大了我的眼界，恶劣的条件下获得了匪夷所思的读书的快乐。我的命运里确实有几分神奇，我确实是非常幸运。中国人的说法是："逢凶化吉，遇难成祥"！

池田大作：撒马尔罕、布哈拉是我也感到亲切的名字。以前创价大学丝绸之路学术调查团去那里，和乌兹别克斯坦的和哈姆扎纪念艺术学研究所共同对贵霜王朝的遗迹（达力瓦尔济杰帕遗迹）进行了发掘调查。

2世纪前后，卡尼什卡王构筑的贵霜朝领土横跨中亚、伊朗、印度，东与中国、西与罗马交流，流入了各种文化。卡尼什卡王保障信教自由，以佛教为基础，积极推动不同文化的交流与融合。以贵霜朝的各种文化交流、融合为背景，佛教界也发生变化，作为世界宗教的大乘佛教兴隆，传向东亚。

指导创价大学丝绸之路学术调查团的国立民族学博物馆名誉教授加藤九祚先生说：

"佛教向丝绸之路的人们传播开来大概是因为有连接人心的力量。彻底教说消灭差别、广泛互助的是释尊。我认为如此置信赖于人的教义很少。"

而且"珍重每一个人"，这种守护人的尊严的生活方式成为如此文化融合与和平的中心。

新疆是丝绸之路的要冲，文化融合与飞翔的天地，其历史和人们的智慧必然有助于今后的未来世界。

第六回　尚文的传统与文学

池田大作：俄国文豪托尔斯泰在名著《战争与和平》的结尾部分写道：

"爱善的人互相携起手来吧"，"如果恶人结合成一股力量，那么，正直的人也必须同样做"。

记得战争期间被空袭烧毁了家，失去了重要的书籍，在月光映照的废墟上，回想《战争与和平》的种种词句与场面。当时，年轻的我们也痛切感受到人类社会的悲剧轮回。

人的心里有"善"和"恶"的活动。有爱和平与文化的心，同时也有倾向于暴力、野蛮的心。而且，悲惨的战争翻来覆去。决不能让战争的惨祸反复，这是人类的共同愿望。

已经是 30 多年前（1984 年），我应邀在北京大学讲演，题为《走向和平之康庄大道——我的一点看法》。

当时我关注的是中国长久培育的"尚文"风气。虽然多少次经历战乱时代，仍然靠文化形成社会。可以说，从这种历史与传统汲取的智慧最具有中国特色。那也是人本主义，以文化主义为主轴的生活方式。

三国时代魏文帝曹丕留下一句名言："文章经国之大业，不朽之盛事。"

唐诗人白居易被皇帝谥为"文"，赞叹其文化贡献，他写道：

"圣人感人心而天下和平。感人心者，莫先乎情，莫始乎言，莫切乎声，莫深乎义。诗者，根情，苗言，华声，实义。"

我想从这回通过中国代表性诗人和文学作品加深对人和社会的洞察，谈谈文化的软实力所带来的和平与繁荣之路。

王蒙：正是时候。前些日子我在天津观看了俄罗斯的斯坦尼斯拉夫斯基和涅米洛维奇—丹钦科音乐剧院演出的歌剧《战争与和平》，托尔斯泰原作，普罗科菲耶夫作曲。

印象最深的是，战争中、和平中，人仍然是人，每个人也仍然他是他自己，她是她自己。

战争最激烈时也有友谊，有爱情，有恋慕，有回忆，有纯真，而且有和平的期盼。

在和平中，人往往会不充分估计战争的危险与代价。世界上也有人有责任感，也有人完全没有，只求满足私欲。

在战争与和平的交替之际，人应该学习更多的东西，但有时人不理解好好学习的意义，跟不正视现实一样，不正视历史。

我从小学时代在练习写字的带格的纸上写"天下太平"四个字，至少写了几百次吧。当时的境遇下，普通老百姓和孩子们都多么盼望"天下太平"啊。

最近（2014年）听到李香兰女士去世的消息。我曾读过她的自传，在中国的《读书》杂志上写过《人·命运·李香兰》一文。1994年访问日本时，有机会和李香兰女士共进晚餐，觉得她的经验很重要。

两千多年前中国诸子百家大都强烈地反对战争。

孔子主张仁政、和为贵，提倡修养"温良恭俭让"的君子之风，叹息文化已经丧失。老子认为战争即使取胜，那也应当作"丧事"。他的箴言是"兵之所处，荆棘生焉。大军之后，必有凶年"。

墨子的"非攻"观点非常鲜明，他说："苟亏人愈多，其不仁兹甚矣，罪益厚。当此，天下之君子皆知而非之，谓之不义。"就是说，用军事力量进攻，会损害许多人员，是不道德的事，必然会被大家所否定。

池田先生讲得非常好，孔孟都努力缔造尚文的传统，在东周动乱与内战时期，孟子认为挽救国家与人民的唯一道路不是靠武力，而是靠文化—道德—礼数—仁爱。孔子与他的弟子的说法是"克己复礼，天下归仁"。

池田先生引用曹丕与白居易的语录太好了。很惭愧，我不能当即从日本古典中引用文化人的名言。但是我相信，日本文化当中也必定有尚文以及爱好和平的精彩箴言。

池田大作：日本人经常引用中国的古典，那就是日本从中国得到很多文化恩惠的证明。先要说的是，从中国传到日本来的佛教，尤其是法华经，说生命尊严，万众有佛性，万众能成佛，是造成日本和平思想的基础。

现存最古的日本书籍据说是 1400 年前圣德太子撰写的注释法华经的《法华义疏》。这本义疏里反复解说救助所有人的"慈悲（拔苦与乐）"作用。

传圣德太子撰著的日本第一部法律《十七条宪法》基于刚才王蒙先生言及的孔子的"和为贵"思想，展开以佛教的慈悲为根干的"和"思想。

其中写着"以和为贵"；"不怒人违，人皆有心，心各有执"；"无有嫉妒，我即嫉人，人亦嫉我"；"上下和谐，其亦是情欤"。

只要人本身变革，克服愤怒、嫉妒、憎恶等引起纠纷的内因，和平就能够实现。

平安时代传教大师最澄宣扬法华经，给文化以莫大影响，他也道破："以怨报怨，怨不止；以德报怨，怨即尽。"生于慈悲："慈以与乐也，悲以拔苦也，此心此念，无不时忆。"

镰仓时代日莲大圣人指明生命尊严的绝对性："一日之命胜于三千界之财。"

这个时代自然灾害、饥荒、疫病等频仍，战乱危机迫近，但宗教界诸宗违背佛意，混乱不堪，变成了形骸，社会上厌世观蔓延。

为拯救处于痛苦、迷惘、悲叹的人们，日莲大圣人流布法华经的真髓妙法（南无妙法莲华经）。

还撰著《立正安国论》，谏晓为政者的荒谬的宗教思想等。因而多次遭受镰仓幕府大迫害，危及生命，但寸步不让。为和平与民众的安稳，坚持用对话与言论弘扬生命尊严的佛法。

这里有慈悲与非暴力的伟大实践，搏动着尚文精神。

《立正安国论》有云："失国灭家、何所遁世。汝求一身之安堵，必先祷四表之静谧。"

就是在教导：不能只愿求自己的幸福，自身的真正幸福也是在祈愿世界和平、为之实现而行动中确立。我们的和平运动原点就是在这里。

另外，2000 年读卖新闻调查"留传 21 世纪的'那一本'"，《立正安国论》被选为"日本名著"第二位。它也是代表日本文化的文献。

关于苏轼

池田大作：像前面说到的孔子重视仁政与和一样，历史上中国很多思想家反对战争。我们也据此来推进中国古典文学的话题吧。首先，王蒙先生以前最受影响的作家是谁呢？

王蒙：如果说中国古典，我最受影响、最喜爱的是苏轼、李白、曹雪芹。我一直从他们那里受到很大的影响。

池田大作：宋代诗人苏轼（苏东坡）的一生波澜起伏啊。历任国家要职，如"礼部尚书"，也可以说是现在的文化部长，为社会实践了自己所信；另一方面党争激化，被谗毁、投狱，两度流放。因左迁或调任，奔赴各地。

但他决不悲观，深化自己，开辟了被誉为精深华妙的大文学境界。

我想起苏轼的诗句"美好出艰难"。

基于苏轼称之为展现无限世界的法华经，佛教者的天台大师智颛，还有日莲大圣人，都宣说"变毒为药"的法理。

在苏轼的人生中确实能发现"创造性生命"，把苦难转换为创造，把苦恼转换为智慧。

我觉得苏轼的这种足迹和王蒙先生有深深相通之处。

王蒙：岂敢岂敢。我喜欢苏轼不足为奇，中国的读书人几乎都喜欢他。

苏轼不屈服于苦难，有自信，纯真，爱生活，热爱文学，要从外面摧毁这样的人也是很难的。流放岭南时，他还曾为一颗颗荔枝感动欢喜。这样的人物才是无敌的。

苏轼博学、善感。他所向无敌的才华、对一切事物的旺盛关心，这些我都非常喜欢。

从苏轼我联想到的是，具备那种有才能的美，那也是自信，视野广阔，也是喜悦。我相信，美的东西都殊途同归。

我觉得苏轼讲的欢喜与佛教说的欢喜有相通之处，这一点请池田先生指教。

池田大作：是啊，苏轼说："凡物皆有可观，苟有可观，皆有可乐。"

从天下生灵看出美与悦的精神与佛法相通。

据说，释尊在弘法的最后旅途上看着葱茏树木高兴地说："这个世界很美丽，生命是甘美的。"

带来美的本源是生命的光辉吧。

基于法华经，天台大师智顗、妙乐大师湛然，以及日莲大圣人说甚深法门，自然界一草一木一砾一尘，乃至森林、山河、大地，皆具尊极的佛性。

这样，真实的佛法说生命的实相，欢喜并歌颂那种美。

江户时代信奉日莲大圣人思想的艺术家本阿弥光悦、俵屋宗达、尾形光琳、尾形乾山等以京都为中心活跃，留下了绚烂的美术工艺名作。他们生动描绘了草花等自然、国土，也可以认为是信仰的表露。

刚才王蒙先生讲的苏轼不动摇的"自信"，即"相信自己"，让我想起法华经中说的"衣里珠之譬"。好友出于真情，把无比的宝珠缝在一个穷人的衣服里面。他没有发现，继续流浪，但最后发现了宝珠，"心大欢喜"。

日莲佛法说："此文谓，始知我心是本来之佛，即名大欢喜。所谓南无妙法莲华经，是欢喜中之大欢喜也。"

不管有什么，唱诵妙法，觉醒自身的生命有尊极的佛性，为人、为社会发挥那佛性所具备的伟大智慧、慈悲及勇气，这当中有"欢喜中之大欢喜"。

说来这是凝视自身，发现自身，本来活在自身生命中的大欢喜。

法华经的哲理不是厌世的，对现实世界的无常或痛苦悲观，到哪里的另一个世界寻求净土，而是要把这个现实世界变成有欢喜的世界的主体。

苏轼吟咏"诗人思无邪，孟子内自反"。王蒙先生也深为关注孟子这种反省自己内心的思想。

苏轼屡次被剥夺地位、安居之处、人格尊严，还超越当时社会的歧视，也跟庶民深入交流，这就不可避免地加深了对最根源性的人本身、自己本身的洞察。这就磨砺自身，精神被净化，大大开放。正如他吟咏的"所至为乡里，事贤友其仁"。

王蒙：我年轻的时候深深迷恋人的精神生活。

例如读书，大概读书的魅力在于能让我发觉以前的生活中特别麻木的事物的存在。

比如一棵大树，一只鸟儿，一盏台灯，它们都会激活我对于人间、对于生命的无限关切与思考。

孟子所言"养浩然之气"，也是孔孟对于精神价值的追求，我也大有感触。

同时深感读书关系到自我发现。青春、同情心、急躁、对不公正的愤怒、献身的热情、正义感冲动，以及胆怯的犹豫，通过读书能强烈地认识自己的不成熟，不坚强，不完美。

在自省或反思方面，给予年轻的我巨大冲击的是托尔斯泰和罗曼·罗兰。读了《复活》里聂赫留道夫的反省与忏悔,《约翰·克利斯朵夫》里袭击主人公内心的狂风与大浪时,我觉得有必要重新塑造自己,成为更好的王蒙。

对苏轼印象深的是他的潇洒与善感,像"多情应笑我,早生华发"那样。我相信,他为历史而感动,为生活而感动,甚至为不遇而感动,这种心态本身就是极大的幸运。

感动是生活,感动才是生活。没有感动岂不就白白来到世上!

对于我来说,苏轼的种种坎坷不那么重要,重要的是坎坷给他带来的起码主要不是他被剥夺了什么,粉碎了什么,而是推动并丰富了他的人生,进而唤起想象力,使之奋发。

假如他的人生一帆风顺,青云直上,福禄寿齐全,那还会产生诗人苏轼吗?还会有吟咏"大江东去""明月几时有""客亦知夫水与月乎"的苏轼吗?

凭我在各种地方生活过的人生经验,可以这么说:

文化以及文学有消化事物的力量,具有排毒、提高免疫力的功能,能把悲哀变成有深度的力量,化蛮横为幽默,把义愤提高为先见之明,把失望转化为有品格的静谧与期待。

就是说,尚文有某种免疫力。从精神上说,苏轼以及他的政敌王安石也如此,虽然他们在政治见解上针锋相对,在仕途上成为对手,但他们的文化传统、文化品格是一致的,他们是无法摧毁的。

池田大作:说得非常好。

日莲佛法说:"难来以安乐意之可也","必有三障四魔之障魔出现，是以贤者喜，愚者退也"。

细说一下，就是苦难从内从外袭来时才是使自身大大向上的机会，应该欢喜踊跃地挑战。也从这样的观点，觉得是重要的指摘。

王蒙先生举出的托尔斯泰《复活》、罗曼·罗兰《约翰·克利斯朵夫》我也从年轻的时候就非常喜欢。《约翰·克利斯朵夫》这样写道：

"不问欢乐与痛苦都能够欢欣鼓舞的，才是真正的伟大。""一个元气旺盛的人健康的时候能吞下所有的力量，连有害的在内，而且能把它们化为自己的血肉。"

所以，青年不论发生什么也决不要屈服，顽强活下去，把与苦难的战斗变成自身的滋养而成长。

还想就王蒙先生所说的"感动就是生活"这一卓见谈开来。日本文学有诗歌的传统，那就是自现存最古的歌集《万叶集》以来，对草木、花卉、生物、河川、海洋、日月等自然生命的营为感动、共鸣，借以寄托自己的情思。

平安时代前期编纂的歌集《古今和歌集》写道："各发歌谣，物皆有之，自然之理也。"万物各唱各的歌。为之感动，人也激荡自己的歌唱。

江户时代俳谐巨匠松尾芭蕉写道："随造化以四时为友，所见之处无不是花，所思之处无不是月。"

把一切都看作花、想成月，为有生命的东西的美感动，与自然共生，从中发现人。这里也有尚文之心吧。

听说王蒙先生喜好日本的俳句，请谈谈您对日本古典文学的感想。

某个作品或者整体看法都可以。

王蒙：日本人致力于小而精致的东西，那种努力值得惊叹。一粒沙里见世界，一朵花中见乐园，一瞬之间留下永恒。

这是宗教，是诗，俳句尤其是哲学，是科学。

它也是东方的思维形式，也是 18 世纪英国诗人威廉·布莱克的诗篇：

To see a world in a grain of sand

And a heaven in a wild flower,

Hold infinity in the palm of your hand

And eternity in an hour.

（从一粒沙中看到世界，

从一朵野花中看到天堂；

用你的手掌握住无限，

用一个小时感受永恒。

——王蒙译）

池田大作：对。众所周知，苏轼在文学、艺术、思想、历史等诸多文化方面作出了出类拔萃的贡献。

例如书画论，不单纯拘泥于技巧，重视艺术家本身的人格及精神性，"凡书像其为人"。

从根本的人出发，展开多样的文化活动。通过多样的文化活动，探求人这个根本。有这样不断的往复作业，创造力也就越来越增加吧。

这一点我想起古罗马剧作家泰伦提乌斯说的："我是人，从不认为人做的事与己无关"。这句话成为欧洲文化的著名标语。

这种宏大的精神性就是现代社会希求的吧。

王蒙：您说的就是文学的根本。文学的根本是人，是对人的关怀、体贴，也是对社会的关注，对非人化的抗议。还同情一切人的不幸，予以理解、慰藉。

文学有各种风格。譬如，在自己的天地里发现独自的语言，创造美的语言。这种类型有美国的意象派诗人艾米莉·狄金森，中国的李贺，日本的俳人正冈子规，还有六世达赖喇嘛，即十分感人的爱的诗人仓央嘉措等。

苏东坡跟这个类型不同。他的心中容纳了世界与历史、现实。行旅四方，游走山水，热爱每天的生活。怀古论今，吟诗作文，大发议论。甚至演戏、熬药，关心一切事物，对森罗万象抱有好奇心。他胸怀广阔，生命力之强也无与伦比，兴趣多样，生活方式是全能的。

苏轼的表现让人想起孔子。孔子就不承认自己是某方面的专家。孔子的关心——他擅长的，是修齐治平，是做人的根本，即世道人心、道德哲学。

我喜好的苏轼诗，跟中国老百姓一样，一个是《念奴娇·赤壁怀古》，另一个是《水调歌头·丙辰中秋》。"明月几时有，把酒问青天"，中秋赏月时，找不到别的诗句了。还有前后两篇《赤壁赋》。如王国维所言，苏轼是能够"入乎其内，又出乎其外"的诗人。

宋代有个苏轼，这使后来中国读书人的生活增添了许多魅力。这是中国的幸运。

关于白居易

池田大作：在这里上溯时代，想谈谈唐代大诗人白居易。他的诗当时庶民也爱诵，日本等海外各国也爱读。日莲大圣人也注意白居易诗篇中讽刺社会的东西，"白乐天乐府"云云，言及这位先贤的足迹。

王蒙：那太好了。

每每与日本友人交谈，涉及中国文化，我也为这些友人的热心和深刻理解而感动。

在日本，有大量的中华文化的知音。在马鞍山采石矶李白墓，我听说了来自日本的游客在李白墓前痛哭怀念大诗人李白的情景；在苏州寒山寺，我知道每年除夕子夜，都有日本客人专门来听"夜半钟声到客船"，我为日本友人的中华文化情而深为感动。

池田大作：如白居易的《新乐府》所示，他的文学特质之一是要从社会的变动、穷困、灾难救济民众。

白居易"不惧权豪怒",勇敢地攻击虐待人们的人、虚伪的人。

他吟咏:"丈夫贵兼济,岂独善一身。"

白居易、苏轼都这样,中国很多诗人不与现实社会隔绝,在参与困难重重的社会中创造文学。

王蒙:确实如此。

白居易关注民众疾苦。同时,文学、诗学的天地如星空,如大海。那种关注现实社会的文学作品令我感动。

我还非常喜爱深刻追究自己生活中的精神、感情以及艺术的作家与作品。

白居易和苏轼两位大诗人都曾被贬到杭州做地方官。杭州的西湖有白堤,还有苏堤。我和许多日本友人一样,喜欢去西湖。

池田大作:已经是40多年前(1974年),我也去过西湖。湖上游船,湖畔公园,和中国人交流,缅怀白居易、苏轼的足迹。

听说如今美丽西湖的景观成为世界遗产,纪念整修了西湖的白居易而称作"白堤"的堤防,苏轼修筑的叫"苏堤"的堤防,那一带富有诗情的景色为人们所喜爱。

白居易和苏东坡离开中央政治,都作为地方为政者亲自完成了灌溉事业等措施。可以说,为地域、为人民现实地改善了社会。

白居易的终生之友、诗人元稹吟咏:

"达则济亿兆,穷亦济毫氂。济人无大小,誓不空济私。"

　　这种心情就是无论自己处于什么样的境遇，在自己所在的场所、地域，尽可能救人。不是处于重要的位置就活跃，失去那个位置就什么也不做。如果痛苦的人就在眼前，哪怕是一个人，也要救助，从这一点我感受到与佛法的慈悲相通的精神性。

　　20世纪法国哲学家萨特说过："写是怎么回事？为什么写？为谁？"还诘问文学能为饥饿的孩子们做什么。

　　与其说否定文学的价值，不如说这是真挚的诘问：通过文学作品给社会带来什么样的精神价值。还要把这句话当作促动，用参与社会来恢复文学与现实社会的联系。

　　21世纪以来，世界的一些地方也发生纷争等，贫穷与差别日益扩大。

　　曾和我对谈的法国行动派作家安德烈·马尔罗也说过："关键是自己作为一个人能做什么，能对什么事情采取行动。"

　　在我看来，这些问题本来长久而深刻地存在于中国文学之中。

　　中国传承的文学家参与社会的传统、重视文学在社会中起作用的历史完全被王蒙先生体现了。

　　关于文学与社会的关系，请谈谈您的意见。

　　王蒙：在这个意义上，历史上有许多好例子。

　　例如英国狄更斯的小说促使英国社会童工问题的解决。但是，在直接地解决社会、政治、民生问题的意义上，文学的作用不是那么明确的。

　　文学的力量在于打动人心。如果人心能够更善良，更富有同情心，尊重人，坚守正义与道德的底线，追求美好的纯朴，那么，所发挥的作用该多么了不起。

池田大作：不错。青春时代跟恩师户田城圣学习狄更斯名作的事在我头脑里复苏了。

狄更斯宣告："只要我有思考的能力和表现的能力，就追究世上的残酷与压制。"与社会的恶战斗，关心受虐待的人们，而且把庶民的形象作为小说的主人公堂堂描写。

文学一般能够对不显现于社会表面的人的悲哀、痛苦、欢喜、快乐产生共鸣，予以照亮。这就打动读的人的信念。

深刻接受人们的苦恼，为克服它而发声的文学的力量自古存在。

例如日本最古的歌集《万叶集》如此，更早的中国最古的诗集《诗经》也如此，里面吟咏了民众很多因战争、社会无法无天、贫穷、疾病、死亡等的悲叹与苦恼。

《诗经》中的《民劳》反复呼喊"民亦劳止"，至今犹留有强烈的印象。

王蒙：孔子对《诗经》写道：诗使"兴观群怨"成为可能。就是说，诗具有力量，启发人的心灵，加深对世界的认识，促进和其他人的交流，把忧郁的情绪化作语言来发散。

若概括《诗经》各种诗的特色，那就是怨而不怒、乐而不淫、哀而不伤。

这种极其美好的状态形成了古中国的诗教传统。

不过，这种传统也好像有不足之处。法国的雨果，俄国的陀思妥耶夫斯基，他们的作品有台风般的震撼和惊涛骇浪般的强烈，这也是人类的瑰宝，是财富。文学终归有自己的虚构，我喜欢具有这种虚构条件下的强烈与不可思议的作品。

每个作家有各自的时代、环境，有个人的性格和经历的特色。没有一把通用的尺子衡量所有的作家。在苏轼倒霉的时候，王安石不可一世。千年之后，我们不能用苏轼的尺子批判王安石，也不能用王安石作尺子责备苏轼不支持王安石的"变法"。

以现代中国为例，汪曾祺被尊为中国最后的士大夫；宗璞被赞为"兰气息、玉精神"；贾平凹被称作长篇小说的巨匠；莫言的创作把固有的传统与现代意识相结合，展现了出色的想象力。这些作家各不相同，都是可敬可爱的文学家。

我羡慕他们，但我只能是我，我的特色他们也并不具有。

我的文学追求是继承对社会与人们生活的关心，这是一个中华传统，这也是我的历史背景与环境决定的。但我也时有超越，使之变化。还喜欢返回自己的内心，反观它的波动与节拍，乃至内心生活的神秘。

池田大作：您这些话含义深刻。

在本来的意义上，自己像自己才是人的本然愿望。

相反，自己要成为自己以外的谁，人要成为人以上的什么，就产生不幸与悲剧。

王蒙先生提到文豪雨果《悲惨世界》里说的"世界上最宽阔的是海洋，比海洋更宽阔的是天空，比天空更宽阔的是人的胸怀"，这句话也铭刻在创价大学讲堂设置的雨果像台座上。

一个人绝不是小小的存在。因为自己的内心深处有一片也堪称"宇宙大我"的广阔，蕴藏着伟大的可能性。

自己这一存在，不是被和他人分开的存在，不可能是孤立的。有自己的一念与自身的关系，有自己与他人、社会的关系，也有自己与自然的关系。自己这东西在这样的重重关系性之中成立。

天台大师智颚以一念三千的法门考察自己这一个生命所拥有的宇宙大广阔。日莲大圣人现实地指明了具体途径，万众在自己心中显现尊极的宇宙大生命，使自身最好地发光，走无限向上的人生。

白居易吟咏："在火辨玉性，经霜识松贞"，"中怀苟有主，外物安能蒙"。

自身不被任何东西摧毁的坚定意念能够给地域、社会、世界激起变革的波动，因此，启发人心的文学将成为改善社会的动力。

在此请谈谈特别留下印象的白居易诗句、足迹等。

王蒙：我永远不会忘记《长恨歌》和《琵琶行》。好像日本喜欢杨贵妃，她确实是可爱的人物。请允许我举出白居易的《花非花》：

"花非花，雾非雾。夜半来，天明去。来如春梦几多时？去似朝云无觅处。"

白居易还有"吴山点点愁"。他的写作，尽力表现得易懂，"妇孺能解"，但他也有独特的浪漫与清纯。

池田大作：所以吧，多有指出，女性活跃的平安文学等日本文学以《白氏文集》为出典的表现特别多。

也为了到达人心，"易懂"很重要。当时有关佛教的文书用汉文撰写是常识，但日莲大圣人夹杂更多人认识的假名文字，给那些与逆境斗争的门下等写了很多信。

何等巨大的鼓舞力量啊。我常希望圣教新闻记者等的语言和文章要易懂，能打动读者的心。这一点也是很多社会领导人留意的。

中国历史上有今天也堪为楷模的以文见长的领导人么？

王蒙：讲文章（诗）的独特与强烈，我想到屈原。沉郁、悲凉是曹操。气魄与自信，当然是毛泽东。他们的文学成就是罕见的。

但是我不想使用楷模之类的词语。所谓楷模，要向他们学习吧。但文学，学现成的范本，也不能从中汲取什么，不可能。

第七回　谈唐诗与《红楼梦》

关于李白

池田大作：王蒙先生深受影响的诗人有苏轼，还有李白。

李白跟很多文人不同，没有走科举的发迹之路。也曾一度在皇帝身边，但由于嫉妒与谗言被赶出宫廷。在这种境遇里，李白深深扎根于民歌，反而确立了气吞天、地、人的诗风，其足迹令人饶感兴趣。

20世纪初奥地利音乐家马勒对德译的李白等唐诗大为感动，而且改编为歌词，创作了独唱伴唱的交响乐《大地之歌》。特别是第一乐章，歌唱"天空无限蓝，大地永不动／春来百花缭乱，可是，人啊／你能长生多久"。

永恒的天地是宏大的中国大自然形象。人对于虚幻的强烈诘问，应升华为对不朽人生的探求。

　　我的恩师户田城圣先生非常爱好中国诗文，经常也让我"念一首好诗"，我也曾念过李白的大气磅礴的名作《行路难》：

　　"长风破浪会有时，直挂云帆济沧海。"

　　对于我来说，中国诗文伴随对人生之师的难忘记忆。

　　王蒙：日本人如此喜爱李白，令我感动。

　　李白有豪迈的雅量，几度受挫仍不屈不挠。尤其有诗人特有的胆力和远见卓识的勇气，中国话叫作"诗胆"，培育了一代代中国诗人和读诗的人。

　　李白有文人所具有的某种骄傲、自尊心。拥有丰富知识的骄傲，拥有卓越才能的骄傲，拥有智慧的尊严。这就与依仗门第、权势或财产等的人划了一条分界线。

　　池田先生引用的李白诗我也非常喜爱。此外，我也常吟他的《将进酒》《宣州谢朓楼饯别校书叔云》。每当读"长风万里送秋雁，对此可以酣高楼"，就觉得像醍醐灌顶。

　　池田大作：几度受挫仍不屈不挠，这也像是高傲的李白，"心雄万夫"。

　　他还有诗："当结九万期，中途莫先退。"

　　直至实现志向，决不后退一步。这巨大的勇气才是人生的无价之宝。

　　再一个人生的可贵之宝是友情，李白走遍广阔的中国各地，结交各种朋友，我也喜欢他吟咏的那些诗。例如，"爱君山岳心不移"。

这是友谊的赞歌，在今天交往、明天就不再理睬的浇薄世风中，朋友的心如同堂堂的山岳屹然不变。

李白和杜甫毕生充满敬爱的友情广为人知，李白和日本的阿倍仲麻吕的友谊也非常有名。阿倍仲麻吕是遣唐留学生。令人遥想当时来自日本的遣隋使、遣唐使向中国的人们与文化学习、培养友情的情形。这也是宝贵交流的结晶。

1974年首次访华时，我访问了曾是遣唐使所向的国际大城市长安，即今天的西安。陕西省博物馆陈列着日本遣唐使、留学生的记录。

很多人肩负使命与责任，豁出命来冲风破浪到达长安，而且把学到的才智和数量庞大的书籍带回国。想想当时的交通情况，那些英才的壮志宏图和求道心令人铭感肺腑。那是若无勇气就打不开的友情与文化的道路。

首先对中国人以宽广的胸怀传给我们文化精华深为感动。

王蒙：推进文学的交流、诗的交流，欣赏彼此的作品，其意义是长远的。这里从根本上贯穿着友好的、多元的、民主的、开放的态度。

想想中日文化历史的与现代的全面交流，相互影响，各具特色，为友为伴，令人感到温暖。

池田大作：这一点很重要啊。美好的心灵通过文学的交流重重联结人和人。

　　也包括这样的交流——以中国思想、文学为粮食的奈良时代的《万叶集》里，歌人大伴家持死了亲人，本人也患病，凄惨之际得到友人充满真情的诗和文。忧愁消散，家持回复感谢的诗和文。

　　还有平安时代的王朝故事《滨松中纳言物语》，以唐和日本为舞台。日本贵族滨松中纳言的父亲死后，转生为唐太子，中纳言赴唐寻父。驱使自由的想象，超越时空与生死，情节特异。而且这个故事里，唐和日本都深信法华经。法华经是两国共同的文化基础之一，这是历史事实。

　　具有超越两千年历史的中国与日本的文化纽带对于亚洲安定与世界和平很重要。历史学家汤因比等世界有识之士都这样洞察。

关于杜甫

池田大作：我们再稍微谈谈唐诗人。据调查，日本人喜爱的中国诗人排序为李白、杜甫、白居易，全都是唐代诗人。

王蒙：李白被称作"诗仙"，杜甫被叫作"诗圣"。这当然有理由。

　　不大懂诗的人才议论这二人哪个更伟大，哪个更出色。他们是不能互相替代的，也无法比较。

池田大作：杜甫的人生是挫折、不遇与漂泊的连续。

在当时混乱的社会背景下，应试科举未能合格，就职也困难，不仅安定的工作，连安居的住处都没有。

另一方面，对社会邪恶的战斗与忧虑，对自己内心的凝视，对自然的观照，对矛盾重重的世界的达观等，杜甫的文学以多彩的风格为傲，尤其贯穿对于人的诚实。

2003 年中国作家协会、中华文学基金会送给我一幅杜甫像，他以笔为剑，毅然挥毫。台座上刻着"笔落惊风雨，诗成泣鬼神"。这是杜甫勉励李白的两句诗。连天地都可以动摇一般的文力，精神力量的信念，真觉得在这里看见了尚文的真髓。

请谈谈特别留在你心里印象最深刻的杜甫的诗。

王蒙：杜甫的"八月秋高风怒号"，"人生不相见，动如参与商"，"露从今夜白，月是故乡明"，"感时花溅泪，恨别鸟惊心"等等，世间的机缘与情感达到了最高境界。

这些都是杜甫用他的心、血、泪，还有仁爱，写下的诗篇。

池田先生喜爱杜甫的什么诗呢？

池田大作：是啊，举几个留在我印象里的杜甫诗句，例如："万姓疮痍合，群凶嗜欲肥。刺规多谏诤，端拱自光辉。"

这里闪耀着必须跟社会中的恶战斗的强烈正义感。

也受到"行路难何有""勇猛为心极"这样强有力的诗句鼓舞。

这首长诗中还吟咏"衣褐向真诠""晚闻多妙教"。

传达了杜甫在苦难重重中勇敢真挚地追求人生之道的心情。

白居易也是在面对母亲死、女儿死的时候，还有挚友元稹先死的时候，以及蒙受诽谤罪被流放的时候，深入探求佛教的思想。白居易在诗文中言及法华经等经典，鼓励死了妻又被左迁的元稹，这样呼唤：

"况与足下，外服儒风，内宗梵行者，有日矣。而今而后，非觉路之返也，非空门之归也，将安返乎，将安归乎。"

像杜甫、白居易吟咏的那样，人的完成、人生的最后阶段之类的课题，人的生老病死、爱别离苦之类的苦恼问题，是文学探究的主题，也是宗教的主题。

在如何构筑人的幸福这一点上文学与宗教深深相通。关于文学与宗教的关系，想听听您的意见。

王蒙：宗教经典显然具有极大的文学性，许多文学作品含有终极的困惑与探求，含有对终极答案的渴望与探求。这些是深深相通的。

同时，也有互相分歧之处。讽刺性、批评性的文学常常会质疑宗教团体与神职人员，而教会也经常指责某某作家或哪部作品是邪恶的，违反戒律。

当然，佛教主张"所有一切众生之类——若胎生、若卵生、若湿生、若化生、若有色、若无色、若有想、若无想、若非有想非无想，我皆令入无余涅槃而灭度之。如是灭度无量无数无边众生，实无众生得灭度者"。也就是说：万物没有高低、贵贱、大小、多少、长短等对立性区别，从这种角度来看，也许是这样相通的东西的另一种表现形式。

池田大作：以前我在哈佛大学以《21世纪文明与大乘佛教》为题讲演时说过："要分清宗教到底使人变强还是变弱、使人变善还是变恶、使人变贤明还是变愚蠢这几点。"本来宗教是为人的，为了人更贤明、更强大、更幸福，建设和平与繁荣的社会。

人决不是为宗教。然而，看看以往的历史，颠之倒之，神职人员变成宗教权威支配人们，利用宗教满足私利私欲。

因此，中国的天台大师智顗、日本的传教大师最澄、日莲大圣人都主张归依使万众得到最高幸福境界的原点——如经典所云"而于此经中，法华最第一"，主张归于法华经。

神职人员也有从自身的谬见、偏见歪曲本来的宗教教义，信口胡说。在这一意义上，日莲佛法列举三证，即"文证""理证""现证"，作为辨别宗教的基准。

所谓"文证"，其宗教教义有没有经文等文献性证据。所谓"理证"，合不合情理。所谓"现证"，实践宗教教义在现实生活与社会中能不能证明正确性。这三项全都具备，才能说是正确的宗教。大圣人认为"现证"最重要。

我想，今后的宗教必须问它实际上能使人幸福吗？对和平、文化、教育的发展有贡献吗？

白居易写道："大仙经典、最上法乘。来自西方、闷于中禁。将期利益、必在阐扬。"

从这段文字也感受到真挚地追求人生之道、为他者作贡献的气息。

王蒙：您的宗教思想也是非常有启发意义的。居住在台湾的星云大师，他也是力主人间佛教的。

其实唐代诗人中我最喜欢的是李商隐。

他化悲为诗，也像是日本作家川端康成的"悲即美"之说的具体表现。李商隐告诉我们，诗是某种净化与升华。把人生的苦难提高为展现深奥的优雅与繁缛的华丽的花园、宫殿。

池田大作：李商隐接二连三换职务，住处也辗转各地，度过了郁郁不得志的人生。他的诗有以下几句：

"茫茫此群品，不定轮与蹄。""顾于冥冥内，为问秉者谁。"

"人生岂得长无谓，怀古思乡共白头。"

悲哀中编织的对人生与世界的"诘问"与"纠葛"不也是文学的源泉吗？

其中出色地描写自己孩子顽皮的《骄儿诗》，反而有新鲜之感。诗中有"青春妍和月，朋戏浑甥侄。绕堂复穿林，沸若金鼎溢"等，闪耀着幼小生命的勃勃生机和对未来的希望。

我本预定和川端康成会面，但他也写道："美贯穿古今，流通万国。自然与人之中也遍布。"30多年前（1983年），东西冷战的时代我访问罗马尼亚，和作家同盟的朋友们畅谈时，大家读过译本罢，很清楚川端等，令我惊讶。

　　川端和王蒙先生很了解的大画家东山魁夷有深交。

　　他小时候神经有病，战争期间被强迫进行用身体撞坦克的严酷训练。青年时代父母兄弟相继因病去世，简直是经历了与死为邻的最底层苦难，眼睛被睁开的是"生命的光辉"。我认为这里也有贯穿古今东西的美。

　　王蒙：我不能忘怀的是东山先生的作品与举止中的端庄与恳切，是对美的诚挚，是一种赤子之心，是一种圆融的和穆。哪怕只是坐在那里，一句话也没有说，东山先生的存在与他的画的存在高度和谐，使你感动。

关于小说《红楼梦》

　　池田大作：下面想谈谈中国四大名著《红楼梦》《三国演义》《水浒传》《西游记》。

　　王蒙先生举出《红楼梦》为不被岁月和市场左右、代表中国高尚文化的长篇小说。它在四大名著中是最晚近的、18世纪清乾隆时代的作品。

　　《红楼梦》是通过120回（曹雪芹作80回，续作40回），名门世家的贾府贵公子宝玉和跟他有缘的美少女们、女性们编织的故事，是贾府荣华与没落的故事。

　　《红楼梦》描写了在名门荣华富贵的背后，支撑它而被置于从属地位、被虐待境遇的女性们的心理和生态。这些女性的见识和气度胜过男性，构成故事的主题。

王蒙：《红楼梦》的主题是立体的。

对我说来，《红楼梦》是描写寄生性贵族的没落衰亡和少女们在这种环境中的青春，还表现了她们不能实现的爱的悲哀及其憧憬。

《红楼梦》还超越了时间与空间、阶层与身份的局限，写出了人生的华丽与无常，人生的荣华富贵与悲凉寂寞，人生的亲爱温柔与冷酷怨恨，人生的铭心刻骨与空无虚枉。《红楼梦》通向爱恋，也通向放下，四大皆空。

池田大作：想略微具体地看看人物像。女性的主要人物林黛玉的《葬花诗》很有名：

"花谢花飞花满天，红消香断有谁怜。"

寄托于花，吟咏美好的生命也终将离去并且被遗忘的命运。

黛玉早年父母双亡，也没有兄弟姐妹，离开故乡，寄身于亲戚贾家。有诗才，心气刚强，但自身也病弱早逝。其人生令人有一种没有活的"根"的漂浮感。

黛玉的友人薛宝钗德行兼优，却苦于堕落的家庭。为丈夫贾宝玉献身也没有结果。

黛玉和宝钗各具美质，但不能利用，努力也没得好报，了此一生。

《红楼梦》里很多跟贾府有关系的女性都拖着悲剧与不幸的阴影。

与此相对，活得质朴，向前看，例如有李纨、刘姥姥。

李纨早年丧夫，老老实实地过活，阴德使儿子出色地成长，当上宰相。而且这儿子使没落的贾府复兴，李纨也安度晚年。

刘姥姥具有庶民的坚强与智慧，从悲惨中解救了贾家的孩子。

接触《红楼梦》的女性形象，不能不思考女性的幸福、人的幸福。

细说的话，不论处于怎样的环境，都会有人的生老病死、爱别离苦的根本苦恼。看上去华丽的生活或环境甚至会增加这样的人性苦恼之悲惨。环境很重要，但最终决定幸福与不幸的是人本身活到底的力量，作为人的善的生活方式，值得相信的人的纽带。

请谈谈《红楼梦》中给您留下特别印象的女性形象。

王蒙：说一点旁人很少说的吧。

很遗憾，林黛玉太不拿刘姥姥当人看待了。

为什么很多读者讨厌妙玉呢？其实我同情妙玉。

中华思维方式是全体性的，往往把真善美结合起来考虑。王熙凤是美的，但有些坏，绝不是单纯的。

芳官纯真自爱，却毫无出路。宝钗的悲哀是文化性悲哀。尤三姐的悲剧是相信之难的悲剧。王夫人维护规矩的努力使她变成了杀人魔王。

人生的悲剧性，生老病死、爱情、恋爱和怨恨，这些是朝向佛教的重要契机。《红楼梦》中常出现佛教、道教要素与影子不是偶然的。

人不是如愿变好的，也不是坏得像心怀愤恨的人们说的那样。全在于心，在于选择，在于信念。

池田大作：您指出了重要之处。

天台大师智𫖮说一念三千法门之际，也用了华严经的"心如工画师"。意思是心像名画家一样在现实上巧妙地描出事象。

抛开人"心"问题，就不能发现克服人生悲哀、苦恼的路，通向幸福的确实的路。

《红楼梦》描写的社会有拥有荣华富贵的人的傲慢，对拥有者的献媚，以及对一无所有的人的歧视。

另一方面尖锐地记述了失去荣华富贵的人的软弱，前恭后倨地离开他们的人们等。

《红楼梦》强调荣华富贵如梦，不是永久的依恃。

王蒙：池田先生概括得非常好。人是可爱的，世界是可爱的，但人又是有自己的罪过罪孽的。人自爱自尊，同时人又自戕自毁。

池田大作：《红楼梦》的贾家表明，不是从外部，而是从内部崩溃。所谓从内部崩溃，就是内部的人堕落，互相嫉妒、憎恶、骄横，争斗不断。这是普遍的凋落景象，人社会之常。

而且，抵抗贾府和社会这种腐败的青春声音中也有真实。

　　例如贵公子宝玉和贫贱之友秦钟互相吸引的场面，秦钟慨叹："可知'贫窭'二字限人，亦世间之大不快事。"

　　地位与财富是人的价值，在贾府的这种风气中，比起外表的荣华，《红楼梦》年轻女性们更希求心心相印的家庭、富于友情的人性。

　　故事的最后，爱恋的黛玉之死、贾府没落，使贵公子宝玉受到冲击，要舍弃尘世，但避开尘世也逃脱不了自己。

　　因此，妻子宝钗规劝宝玉的也不是逃离俗世，而是在社会中培养自己的人格，为人为民而生。

　　《红楼梦》给我留下的印象之一是宝钗强调的"不自弃"。还有一句呐喊："你为闲情痴意糟蹋自己。"

　　荣华富贵，物质上优渥的环境全都丧失的时候留下的东西，即自己的生命有什么呢？这才是最重要的。荣枯盛衰是常态，所以富贵时要不骄，坚实地构筑生活，以备将来的任何情况。《红楼梦》的故事里为一家安泰的基础探求这样的生活方式。

　　王蒙先生在《红楼梦》所描写的名门世家荣华与没落的状态里关注什么呢？

　　王蒙：寄生是腐败的主要原因。长久不面对宝贵的考验，不改革自己，不改变文化，那就免不了陈腐化、表面化，只是靠遮遮掩掩，最终将走向冷酷的衰退化。

　　这部作品里看到这样的文化、这样的家族走向灭亡没落的情形，那也有青春与文化，能感受美。譬如少女们和宝玉联诗的段落等，真叫人百感交集。

池田大作：永远的繁荣是不断地努力战斗才能赢得的吧。

王蒙先生所指出的那样，尤其取决于苦难时怎样面对。改革而更加强大，更加净化呢，还是被淘汰而灭亡呢。

"寄生"，把自己的幸福建立在他人的劳苦之上必然产生不负责任与堕落。真正的幸福产生于用自己的力量创造价值。

王蒙：说到《红楼梦》，我想起日本的《源氏物语》。我非常想听听池田先生对《红楼梦》和《源氏物语》的看法。

池田大作：我本来不是专家，但也和世界的有识之士们谈过《源氏物语》。

世界最古老的长篇小说《源氏物语》是以平安时代的宫廷为舞台，以主人公光源氏为中心的女性们编织的王朝故事。当时，对于男性，女性处于从属地位，作者紫式部通过这个故事探究女性的苦恼及其救济。

基于刚才的《红楼梦》话题，谈几点留在印象里的。

第一，心才是关键。刚才王蒙先生说过"全在于心"，而《源氏物语》追求在种种状况下女性使自己的心积极向更加幸福的方向努力，处身立世。

《源氏物语》中光源氏对女主人公之一的紫上这样说：

"人是性情怎样就怎样，心广器量大的人往往幸运也随之。"

紫上这个女性对让她感到多么不安的人也尽可能主动地关怀，建立和谐。

紫上年纪轻轻就去世，被大家怀念，惋惜，那种情形是这样描写的：

世上幸运的人被嫉妒，身份高的人傲慢，欺负别人。但紫上关怀别人，做事机灵，人人爱戴。

而早期当光源氏恋人的六条御息所最终被光源氏冷落，强烈地嫉妒别的女性，乃至杀人。

可是，这个女性却这样告诫女儿：

"入官侍候时千万不要起与人争斗嫉妒之心。"

因为不管什么，嫉妒人，争斗，只会产生绝望的悲惨。

日莲大圣人曾道破："福由心造而荣我身。"

第二，法华经。王蒙先生谈到《红楼梦》中看见的人生悲剧性成为转向佛教的契机。《源氏物语》里被奉为女性生存支柱的尤其是法华经。

其实，法华经以前的经典说女性不能成佛，而法华经说女性也能成佛。

法华经里作为女性代表出现的龙女向释尊发誓：

"我阐大乘教，度脱苦众生。"

这是可称作古代"女性人权宣言"的内容。紫上是一个最看重法华经的女性。

第三，教育。王蒙先生指出，《红楼梦》的贵族们寄生于他人、临危不能自我变革。《源氏物语》里重视用教育磨砺自身的力量与人格。

光源氏不把自己的孩子置于高位，而是进大学寮，彻底做学问，吃苦耐劳。他这样讲述了理由：

"只是地位高了，玩耍游乐，世上的人表面殷勤，内心嗤之以鼻。把恭维当真，误以为自己了不起，待时代变化，势力衰退时，立刻被人轻蔑，谁也靠不上。"

说正论吧。假如失去了荣华，比起悲哀游戏的人生，我觉得尽可能作为一个人提高自己，留下活的证明，这样的人生更尊贵、美丽。

1980 年春，我在静冈接待访日的巴金先生和冰心先生，相谈甚欢。谈到《源氏物语》时，冰心先生举出了和紫式部年代相近的宋代女词人李清照。

生在战乱年代的李清照直面严酷的生活苦难、祖国苦难，吟咏船航行大海的壮观景象：

"天接云涛连晓雾，星河欲转千帆舞。"

令人感受到驰思大宇宙一般走先驱之路的中国女性的宏大气概。

王蒙：您的论述给我很多启发。有趣的是，令人激动的是，《源氏物语》与《红楼梦》有"互文""互见"与"互证"之处。文学与文学，文学与宗教，佛教与其他宗教，有"互文""互见"与"互证"之处。用钱钟书的话说，"东学西学，道术未裂，南海北海，心理攸同"。用费孝通教授的话来说："各美其美，美人之美，美美与共，天下大同。"多样性、地域性、民族性、全球性与人类性，都是不能忽视的。曹丕说："文人相轻，自古而然。"但另一方面，我要说，"文人相通，于今彰明！"

我认为，青年应学习、传承美好的传统文化，同时推进创造性的、与现在的世界文化相通的新的刷新与展开。

《红楼梦》的作者多次讲述过，期待人们由于自己的作品跨越现状，并珍视、留恋身边的一切。

珍视，跨越，留恋，摆脱，可以说这些都是人生所需要的全方位体验与心理准备。

第八回　三国的魅力

池田大作："思道则福，应自然之数也。"这是三国英雄诸葛亮的话。

日本也有很多人喜爱"三国"故事。

我创办的东京富士美术馆庆祝日中和平友好条约签订 30 周年，在中国文化部、中国国家文物局、中国文物交流中心等的大力支持下，2008 年举办了以三国为主题的展览《大三国志展——悠久大地与人间浪漫》。全中国 34 个博物馆和文化机构出展了很多极其珍贵的藏品，其中有国家一级文物（相当于日本的国宝）53 件。

该展览还巡回日本 6 个城市，累计参观人数超过 100 万，当时是日本国内举办有关中国的展览会的最高纪录。对于日本人来说，三国是如此亲近的作品。

《三国志演义》① 这部历史小说以二、三世纪后汉末叶经魏蜀吴

---

① 注，在日本，《三国演义》通常译作《三国志演义》。

三国鼎立到统一为晋的历史为舞台，根据正史《三国志》，并吸收民间流传的故事等，在明代成书。

规模宏大，人物丰富多彩，生动的故事使人读得如醉如痴。

王蒙：《三国志演义》故事性很强，写了那么多政治斗争、军事斗争的名人、君王、军师、将领、义士、能人，有声有色。

这部作品以民间的"演义"形式传达出一些中国古代精英们的政治信息，老百姓读起来觉得新鲜有趣。

尤其是谋略部分，对不同的人都有所启发。智、勇、忠、义，还有奸、佞、伪、恶，都描写得很到位。

池田大作：《三国志演义》的目标是以刘备为中心，结义兄弟关羽、张飞和军师诸葛亮等英雄建立"蜀"，构建以"王道"为基础的社会。

而"魏"的曹操既有爱护优秀人才的一面，又有残虐地支配人的一面，被描写成"霸道"的奸雄。

我的恩师户田城圣先生洞察："孔明、玄德是理想主义者，在三国里曹操那样的现实主义者战胜了理想主义者，这是可悲的，构成三国的大背景。不过，曹操的现实主义不彻底，后来被司马氏取代也不无道理。"

王道与霸道相克在历史上屡见不鲜。我想起 1924 年近代中国领袖孙中山先生在日本神户所做的著名讲演《大亚洲主义》。

孙中山先生讲到中国自古把用功利、强权、武力压迫人的文化

叫"行霸道",用仁义道德即正义、人道感化人的文化则叫作"行
王道",呼吁近代日本绝不要成为霸道的鹰犬,要成为王道的干城。

王蒙:是的,古代中国不论是孔孟还是老庄,都不认同以实力
尤其是军事力量立国的观点。孔子的思想是"为政以德,譬如北
辰,居其所而众星拱之";孟子的思想是"王道者得天下,霸道者
亡其身";老子与庄子主张"清静无为"。

老子设想的最高境界是民众对政治权力"不知有之",即人民
各安其业,根本觉察不到政治权力的运作与压力。这与马克思所主
张的人类最高理想——国家机器消亡论有相通之处。

可惜的是历史与现实离这样的境界有遥远的距离,《三国演义》
的观念也同样吧。

比较起来,"三国"小说中的蜀汉比较注意举儒家旗帜,充分
利用"刘"姓的"正统性"。书中也描写过不止一次,刘备制止诸
葛亮的计策,不忍心夺取属于他人的地盘。

但总的来说,"三国"中的人物与中华文化的理念相距甚远,
跟现代的民本观念也有相当的距离。

对不起,也许我受五四新文化洗礼的影响太大了。我喜爱读
《三国演义》故事,但是对于其中的非王道理念和前现代性部分感
到遗憾。

池田大作:完全明白。

历史上政治产生精神性、道德性的例子寥寥无几,这是现实,

而予以实现的，其一我认为是公元前 3 世纪深深皈依佛教的印度孔雀王朝阿育王的政治。曾和我多次对谈的"欧盟之父"理查德·尼古拉斯·冯·康登霍维·凯勒奇伯爵也强调，阿育王是世界上最可敬的王。

释尊反复教导慈悲：

"万物幸福，安稳，安乐。"

"像母亲拼命保护自己的独生子一样，对万物也都要这样起无量（慈爱）之心。"

阿育王指向基于慈悲与宽容精神的政治。阿育王诏勒写着：

"我在任何地方都致力于人民利益。"

"没有比为了全世界人的利益更崇高的事业。"

阿育王放弃战争，认为"法"的胜利才是最高的胜利，而不是"武力"。实行了很多救济民众的事业，同时承认宗教自由，谋求多民族共存，发展精神文化。还派遣和平使节，推进与地中海沿岸的西方诸国、希腊化世界的交流。

继承阿育王政治的是 20 世纪印度独立之父圣雄甘地。

甘地写道："可以说，一个国家基于非暴力是可能的，也能以非暴力抵抗基于武力的世界。这种实例有阿育王的国家，而且这实例可反复。"

1985 年在东京和我会谈过的印度总理拉吉夫·甘地也要继承圣雄甘地的非暴力精神，为人类做贡献。他说："释尊的'慈悲'精神是人类生存的必要条件。"

在现实的社会建设中怎样发挥人类培育的和平与非暴力、仁义与道德、慈悲与宽容，将成为今后的挑战。

我尤其认为，民众人人搞精神革命并扩大和平联合是大变革的基础，最为重要。

《三国志演义》描写了后汉末年壮烈的权力抗争、社会混乱。由此怎样使社会安定、构筑新时代成为主题。

例如，历史上有名的荀彧进谏主君曹操：

"昔高祖保关中，光武据河内，皆深根固本以制天下，进可以胜敌，退足以坚守，故虽有困败，而终济大业。"

诸葛亮对刘备谈恢复汉室，也是设想了三国鼎立，先取得未受魏、吴压制的地方（蜀）作为立足之地，建立人和，以争天下。强调为大业首先要巩固地盘，最后取胜。对于刘备们来说，那是为了治乱世，救民于水深火热。

王蒙：您一语中的。

1999 年我首次访问印度时，恰恰在新德里观看了印度影片《阿育王》，它给我留下了深刻的印象。

只要地盘不要理念，自然成为霸道的恶人。只追求理念，不需要地盘，连立锥之地也没有了，更谈不到理念的实施与造福人类、人民、国家、桑梓，而成为满怀失望的可怜虫。

理想主义还是现实主义，如何做到道德、法律与人民利益的全面最大化，是始终困扰古今东西的政治家乃至普通人的事情。

池田大作：是啊。

这一点，我会见过的统一德国第一任总统魏茨泽克说：

"人为了自己的生活，为了在社会中活下去，需要伦理、道德基础。这基础无非尊重共同活着的人的权利与尊严。历史与政治上贤明，不是分离利害关系与道德，而是寻求使两者一致。"

不考虑利益的道德是迂腐的，不考虑道德的利益招致争斗。协调理想与现实、道德与利益是领导人的责任。我恩师也抱有"慈悲"是"政治要谛"、为实现民众幸福的"技术"是政治的信念。

《三国志演义》的历史故事震撼人心的是永恒的主题，即决定一切的是"人"，是"人才"。

例如《三国志演义》强调"举大事者必以人为本"，"得人者昌，失人者亡"，"功业必因人而成"。

如何发现人才，获得人才，发挥人才？如何发现、追随好的领导，发挥自己的才能？两者相符实在很重要，象征就是刘备和诸葛亮。

《三国志演义》有很多英雄、贤者登场。这个故事就是这些人才的智慧之战、勇气之战、力量之战、团结之战，或许可以说，也就是人的一切能力的竞争。

这有助于考虑完成大业需要什么。

王蒙：中国人的说法是一切取决于天时、地利、人和。天时不如地利，地利不如人和。

天时是宿命性政治力量消长的规律。就我个人的看法来说，天时是长期积累的正面或负面因素。某政治势力代代相传时邪恶不断地积累，就会气数衰竭，走向无可挽回的灭亡。

例如明末，社会矛盾积累到随时发生大动乱也不足为奇的地步。崇祯皇帝掌握情况，急躁忧虑，拼死拼活，也挽救不了明朝的灭亡。他只能理解为天时不利。

地利是有没有资源，也就是池田先生刚才说的地盘吧。

更重要的因素是人力资源，君王有没有能力使人团结，善于用人，笼络人心。

上面说的是精英政治的局面，崇祯皇帝疏忽了人心、民心的重要性——水能载舟、亦能覆舟。

中国还有一个说法：得民心者得天下，失民心者失天下。民心就是天的心。早在老子的言论中，就提出："圣人无常心，以百姓心为心。"《老子》还说："我有三宝，持而保之，一曰慈，二曰俭，三曰不敢为天下先。"慈是爱民亲民，俭是爱惜民力和财富资源，不为天下先不是说不敢有技术创造，而是指治国平天下，君王不能提出天下人不能望其项背的超前口号与纲领。

池田大作：在这个意义上，我想起刘备每次战败逃走时都不丢掉仰慕自己的民众，总是跟民众一同行动。

恩师户田先生说：刘备的存在意义是在没有仁政的时代里立于仁的清廉，这就是诸将和民众仰慕刘备的理由。

刚才王蒙先生指出民心就是天的心，这一思想自古以来一直在中国历史深处流淌。《孟子》的"民为贵"，《史记》的"王者以民为天"，《国语》的"众心成城"，以及近代孙中山呐喊的"用人民来做皇帝"。

其实，日莲大圣人参照了很多中国古典，前面说过的《立正安国论》中多用"圆"字，"口"里不是"王"，写作"民"，留下了国的中心是民众的意思。而且强调"王以民为父母"，（为政者）"万民之手足"。

当时日本是封建时代，在这种时代志向民众作主角。

不过，很想听王蒙先生谈谈《三国志演义》里您特别有共鸣的人物或场面以及注目之处。

王蒙：我最感动的场面，而且经常回味的，是赤壁之战中失败的曹操被穷追不舍，败走华容道，遇到把守那里的关羽。

曹操在生死关头保持了镇静与尊严，对关羽礼数周到。"将军别来无恙！"这就暗示了他与关羽的私交。"别来无恙"四个字放在这里非常感动人。

每次想起这个场面，我都驰思曹操和关羽的心绪，热泪盈眶。

池田大作：的确是有名的场面。

如您所言，《三国志演义》里靠诸葛亮的智慧与雄辩，主君刘备和吴国孙权建立了联合，一场"赤壁之战"战胜了魏国曹操的大军。这一胜利使刘备巩固了自己的地盘，向实现"天下三分计"迈进。

越是乱世，外交战线能否获胜，越是发展与衰亡的分水岭。与外缔结同盟关系，守护内部，并整顿、巩固，蓄积力量，这也是诸葛亮的智慧。

王蒙：早在三顾茅庐时，诸葛亮已经认识到势力最弱的蜀汉作为三国鼎立的一方，要打开活路就只有联吴拒魏。

刘备死后蜀汉衰落，也与这个战略、方针执行得不好有关。这说明，能不能建立最广泛的统一战线，对于一个政治家、一个政治力量来说，是生死存亡的关键之一。

池田大作：诸葛亮继承刘备的遗志，为实现其理想，"臣鞠躬尽瘁，死而后已"，奋不顾身地指挥，这种"报恩""忠义"打动人心。

后来杜甫也敬爱诸葛亮，吟咏"君臣当共济"等。

2006年我们民主音乐协会邀请中国文化部直属的中国国家京剧院来日，在各地公演《三国志——诸葛孔明》，盛况空前。我也在创价大学讲堂观看了特别公演。《三顾茅庐》《赤壁大战》《五丈原》，三国演义有名的段落演得如火如荼，充满了诸葛亮"鞠躬尽瘁"的精神。

王蒙：诸葛亮是忠诚与智慧的典型，哪个时代都深受中国人爱戴。他的前后《出师表》感人至深。

小说中刘备对诸葛亮竭尽礼义与诚意的描写让人大为感动。

但是对诸葛亮的政治选择缺少总括的表现。政治选择不完全取决于"君主"的礼遇与态度，就这么表现不够充分。更重要的应该是形势分析与自己的政治追求。

金克木教授有一句至理名言，他说，过去中国"官场无政治"。这是说，官场只看知遇之恩或忠与不忠的区别、升迁之喜与获罪之险，不问政纲、政策、政治原则与政治主张。这是很值得深思的。

池田大作：中国从隋代开始科举制度等，官僚制的历史很长久。正因为是在中国的洞察，所以话很有分量。

唐诗人柳宗元写道："盖民之役，非以役民而已也。"

以自身为牺牲，为民尽力。若没有怀抱这种自豪的使命感的优秀人才，社会非停滞不可。

传说诸葛亮当丞相的时代也有高官重臣把利己的感情、欲望、名誉摆在第一位，迷失大局，即蜀汉建国的目的，搅乱了政治。

这在《三国志演义》的种种局面中看得见。

例如刘备死后，诸葛亮急于打垮魏国，完成夙愿，却被迫收兵。因为自己一方的重臣出于自保，鼓动主君错误地下诏，把诸葛亮叫回来。

被信赖的人反叛，为卑劣的私欲失掉大业，现实中也有这类事。

诸葛亮留下这样的话："夫知人之性莫难察焉。"看准人，用的时候以"告之祸难而观其勇"等各种条件来确认能否信赖，以防从内部崩溃。

王蒙：类似的悲剧在历史上频频出现，可以说，与岳飞相比，诸葛亮还算是幸运。

　　我没想过怎样看一个人。要说我的特征，是文人，不是政治家。

　　我能接受风格跟我大不相同的朋友，也可怜文人们总挂在嘴上的豪言壮语、自我陶醉，还有相轻、内讧。

　　同时我愿意相信更多的人——国籍或文化背景不同的人，不想从短处判断人，尽管我并非不能明白人的弱点。

　　池田大作：这一点很重要。

　　囿于和自己不同之处或短处而拒绝他人，就绝对看不见对方的好处。那就自己也不会进步。常打破停滞、不断向上的人看见他人的长处，虚心学习，看见他人的短处则反省端正自己。

　　历史上这样赞叹："是以西土咸服诸葛亮能尽时人之器用也。"与此同时，诸葛亮重视人和，注意关系不好、互相掣肘等内部不和。

　　社会的任何组织要发展，必须能发挥各种人才所具备的长处，互相协力。一旦内部不和，产生邪气，就不能不停滞。

　　找不到恰当的人负责，结果就苦了很多人。

　　《三国志演义》的魅力在于魏蜀吴三国英雄"创业"的苦斗与竞争的故事。

　　正因为如此，例如刘备的接班人刘禅沉溺酒色，任凭佞臣横行，在复兴汉室的宏大理想的关键时刻拉诸葛亮的后腿，终于亡国，富有极为惨痛的教训。

　　不仅蜀国，魏国的曹氏、吴国的孙氏也都灭亡，三国都是在接班问题即"守成"上失败。

正史《三国志·吴书》有谏言："夫为人后者，贵能负荷先轨，克昌堂构，以成勋业也。"得到好接班人多么难，一旦得到会多么繁荣啊。

这是古今东西的贤哲指出的。

从前辈到后辈，从师到弟子，从人才到人才，为继承精神及智慧，接班人应自觉的是什么呢？社会、组织持续繁荣、发展是难乎其难的，有足以为训的历史吗？

王蒙：宫廷时代的历史上，虎头蛇尾的现象屡屡可见。一个王朝的开国之君饱尝辛酸，浴血战斗，克服艰难，终于掌握国家大权。可是，其后的子孙娇生惯养，专横跋扈，习惯于坐享其成，享受声色犬马，腐化堕落，难以继续国家大业。

世界上很多大业是若干事情相反相成的。

一个权力，一个学说，一个事业，一个组织，以及一个名牌商品，不接受挑战，不面对质疑，不经历苦难与失败，不进行自我变革、自我革新，就渐渐落后于时代，转向腐败、衰退、灭亡。

在这种意义上可以说，成绩孕育着危险，光辉隐藏着黑暗。地位这东西常使人头昏眼花，巨大的财富十分容易被毁灭。

池田大作：正是如此。

能窥见这样的教训的日本古典文学有《平家物语》。写的是平安时代末期，武家平氏取代贵族掌握政权，极尽荣华，最终被武家源氏打败而没落。

例如，书中这样描写在荣华中趋于衰弱的平氏状况：各地的源氏蜂起，要攻入都城之际，平氏好像不知道这场风波，依然挥霍无度。源平会战终于要开始，有心的平氏将领进谏：

"会战，认为是自己的一件大事才能打好。像狩猎打鱼那样说去好地方，别去坏地方，绝不会战胜。"

平氏战斗意志衰弱，而源氏像将领源义经所言"战斗一个劲儿地进攻，取胜是爽快的"，充满了排除万难攻到底的气概。

不被动，永远有进攻精神，而且不大意，不自傲，贯彻责任感，主动地不断战斗，这就是胜利的要诀。

大业不仅一代，有时需要几代使之发展。

然而，建设是死战，破坏却是一瞬间。得不到好的接班人才，大业也很快就式微。

帝王学著作《贞观政要》认为创业与守成同样困难，同样重要。如果兴大业是"创业"，那么，"守成"就是继承守护，进而发展，也可说是新创业。

至今难忘二十年前（1996年）和古巴国务委员会主席菲德尔·卡斯特罗围绕这一点交谈。可以说，对于任何社会或团体都是切实的问题。

首先要把创业精神、苦难中开辟道路的历史作为应该常返回的原点，确立为传统，这是重要的。

而且，正确地培养接班人更不可或缺。在锻炼、培养的过程中，像王蒙先生说的那样，也要经历一切挑战、苦难、失败等，自我改革，造就最后能必胜的人。

我想起中国思想家荀子说"青取之于蓝而青于蓝"，天台大师智颛在《摩诃止观》中揭示"为从蓝而青"。

中国文化史上有弟子超过师傅、后辈超过先辈的瑰丽故事。

就我本身来说，作为第三任，从创价学会第二任会长户田先生接受的熏陶是我的全部。

户田先生和第一任会长牧口先生一同因日本军政府迫害而入狱，进行了两年狱中斗争，取得胜利。

户田先生对我的训练严厉而彻底。十年里给我个人教授了各方面学问。恩师晚年有一天对我说："我已经全都教给你了，这回该你教我。""你的真正舞台是世界，走向世界吧，代替我。"非常值得感谢的先生，如今也感激不尽。我如今也天天和恩师进行心的对话。

由于这个体验，我认为，造就后继人才的圣业很大程度在师弟这种强韧的人的纽带中完成。

王蒙：从一个人，一个朝代，一部电影，或者一本大书上，我们常常会发现虎头蛇尾的遗憾。这很自然，开端的时候，创业者们、创造者们充满朝气与新鲜感，那时他们几乎是无往而不胜，而到了后期，到了结尾时候，说不定会感到捉襟见肘、千疮百孔、顾此失彼与力不从心。在这个意义上，我们可以说，传承与守业，比创业更难。与此同时，"守"成的说法令我困惑，守而不进，成而不变，那是既守不住也成不了的，万物都是与时俱化的，只有通过革新、创造、突破、发展才能守住基业，才能守住初衷，仅仅为守成而守成，就是失去了政治理想，失去了战略规划，失去了政治探索与前进的方向。也就是如金克木教授所说，没有了政治。我虽然对贵创价学会的了解不算充分，但是我深知您的事业的全球性巨大影响，我向您致敬，也赞美户田先生的知人善任。

第九回 《水浒传》的好汉们

池田大作： 京剧是代表中国文化的古典戏剧。我所创办的民主音乐协会至今曾三次邀请中国国家京剧院来日本。我也多次见过著名演员们，他们为艺术付出的艰辛苦练，令我赞叹。对于"以文促信"，通过文化构筑信赖的强烈使命感，铭感肺腑。

2009 年纪念中华人民共和国成立 60 周年访日公演的是《水浒传》新编《四海之内皆兄弟》。正因为《水浒传》自古在日本也是非常受欢迎的小说，所以反响很大。

《水浒传》是北宋时代末叶，天下大乱，英雄好汉们集结在天然要塞"梁山泊"，为改变世道而挺身战斗的故事。我的恩师户田城圣先生也通过《水浒传》给青年讲人生观、社会观等。

王蒙： 挺身反抗是真的，但改变世道未必做得到。很多反抗者改变世道成功后就模仿原来他们反抗的对象，做起当年他们最反感的事情——压迫人民。

鲁迅先生在《阿Q正传》中描写了阿Q的这种心理。他希望自己的所谓"革命"成功，自己也享受享受赵夫人、赵太爷享受的福气。

池田大作：历史表明，所谓政治革命伴随血流成河，产生新的腐败。

王蒙先生的短篇《悠悠寸草心》也描写了为人民的革命成功后，功臣安享特殊地位，脱离了人民的情形。

美国哲学家杜威博士说："身居高位就会精神迟钝，言行傲慢，固执于阶级利害与偏见。""权力是毒药。"1919年博士访问中国，对逗留期间发生的"五四运动"寄予共鸣。

民众敏锐地看穿权力所具有的魔性，聪明起来，留心严厉地监视权力，这是很重要的。没有这种民众联手的社会太脆弱，太危险，这也是历史教训。

下面想再详细一点谈谈《水浒传》的内容。恶人用卑劣的手段取得权力，为所欲为，使民众陷入水深火热之中，对此怒不可遏，绿林好汉聚到梁山泊。有人被夺去亲人，有人被逼到了社会底层，也有人为社会的过于无理主动抛弃了地位。当上梁山泊领导的宋江强调"替天行道"，这是旗号，成为大义。

《水浒传》前半，恶的代表人物是在闲通判黄文炳，宋江们取得胜利。

后半部分的舞台更广阔，皇帝手下的四个奸臣（蔡京、童贯、高俅、杨戬）成为对手。

梁山泊多次战胜奸臣高俅率领的官军，但梁山泊归顺朝廷后，败给了奸臣们的阴谋，宋江等人惨死。

奸臣们花言巧语，逃过处罚活下来。

恩师户田先生洞察，《水浒传》中"劝善惩恶"是广泛引起民众共鸣的理由之一。同时，宋江等不得志，死得很凄惨，这个结局也打动人心。

王蒙：我的理解是"替天行道"基于老子的思想。

老子说："天之道，其犹张弓与？高者抑之，下者举之。有余者损之，不足者补之。天之道，损有余而补不足。人之道则不然，损不足以奉有余。"

老子是这样考虑的：天之道是强制强者、富人帮助弱者、穷人，而人之道是压迫剥削穷人、弱者。

《水浒传》中的人物"替天行道"，就是"把颠倒的一切再颠倒过来"。

池田大作：了解作品背景的思想很重要。人的世界里见过太多的弱肉强食，牺牲弱者，强者骄奢。

也曾访问过中国和日本的印度诗圣泰戈尔吟咏："人的历史坚忍地等待被侮辱的人胜利的日子。"这样的愿望古今东西人们都同样深藏在内心。

《水浒传》描写了善的胜利，也描写了善的失败悲剧。

但多次强调的是"劝人行善逢善，行恶逢恶"这一因果的法则性，善则昌荣、恶则罹祸的道理。

王蒙：我原则上相信因果报应，善有善报、恶有恶报。善恶都不会消失，善恶像种子，早晚结出果实而显露。

但这种因果报应不会一下子就明显地表现出来。

庄子说"为善无近名，为恶无近刑"，也是真实的。

池田大作：从另一面来说，恶人荣华，善人艰苦，世上很常见。也有人气馁；这现实变不了。

究其原因，在于没有伦理的生活方式，人一死就一切都完了，所以瞒着人干什么都行。

陀思妥耶夫斯基在《卡拉马佐夫兄弟》中提出了一个论题：如果没有上帝，没有不死，就没有善行，什么都可以做。俗话也总说，只要不抵触法律，做什么都可以。可是，无论怎样钻法律的空子做坏事，蒙蔽社会，也欺瞒不了自己。而且，对自己善恶行为的根本报应是谁也避免不了的。佛法阐明了这个严峻的生命因果法则。

人的"行为"，即三业，身体的行动（身业），嘴里发出的话（口业），心理活动（意业），全刻在自己的生命中，成为原因，相应的报应结果（果报）显现于自己的生命。因此，从结论来说，佛法指明了转变刻在自己生命中的恶业，以及如何积累善业。所以本来的佛法精神里没有人生必然不幸的宿命论、决定论、悲观论。不如说志向于打破这种断念，以自己为主体，更善地生活。

佛法精微地分析了人心的作用。

阐说与外界接触而获得种种感觉的"五识",即眼识、耳识、鼻识、舌识、身识,内心认识现象、概念的"第六识",被意识深处的自我牢牢束缚的第七识"未那识"(思量识),自身蓄积一切善恶之业的根源的第八识"阿赖耶识"(藏识),进而洞察第九识"阿摩罗识"(真净识、根本净识)的层次。

佛法的精髓指明第九识——使自身生命涌现佛界,恶业积重的生命也向本来的清净生命变革的现实途径。

什么是善,什么是恶,什么是正义,什么是邪义,也因时因地而变化,是一个难题。王蒙先生当作普遍的基准来考虑吗?

王蒙:您说到了最关键的问题。

简单地人云亦云地判断善恶,动不动用零和的模式处理善恶之争,会给人类带来灾难。

由此古代中国出现了庄子的疑问。

庄子提出"彼亦一是非,此亦一是非"。他认为谁都没有权力轻易地判断事物的是非,判断善恶。

人生的方式、世界的存在方式不是在善恶之间厮杀,永无宁日。

更多的情况下,人们的生活既不是全善,也不是全恶。还有今天的善,并不能保证明天或者明年仍然是善,今天的不善,也不能保证明天明年不会出现善的因素。

现实有摩擦,有激烈的斗争,但更有亲密的关系。有意见分歧，也有更多的沟通。有不平不满，也有更大的重视他人、理解他人之心。

与他人之恶斗争，同时也需要与己心之恶战斗的自省。因为自己的那种心里面也有愚昧、急躁、怨恨，还肯定有嫉妒心等。

与其把自己的对手看成"恶人"，不如认为世上有"善的人"和"不那么善的人"如何？

我判断"善的人"和"不那么善的人"的基准，是"有所不为"的人是善的人，"无所不为"的人不是善的人。

从权力运用方面来说，与其判断善恶，最好是判断违法还是合法。那样，就避免了各执一词，轻易地发生价值观斗争、意识形态斗争、妖魔化对手的斗争。

池田大作：您讲的完全明白了。

脱离一下《水浒传》，我认为站在绝对的生命尊严这个立场上，破坏、损伤生命的是恶，保护、培育生命的是善。

佛法第一戒是"不杀生"。释尊说："他们也和我同样，我也和他们同样。设身处地，我不能杀（活的东西），也不能让他人杀。"

对于破坏生命，模糊善恶，采取中立态度，毋宁说就会助长恶。这一点，我和历史学家汤因比博士也一致。

而且，要在频频纷争、对立之中发现共同点。片面地视对方为恶，自己为善；不反省对方内在的善、潜藏在自己内部的恶，等等。

因此，正如王蒙先生所担心的，要注意无误地判断善恶，这与保护自他生命尊严的"宽容"也相通。

杜威博士在日本这样说过："坏人是尽管以前行好但现在开始堕落的人，或者开始减少行好的人。好人是尽管以前道德上无价值而现在朝变好的方向努力的人。由于这种观点，我们严于律己，宽以待人。"

因为谁在内心里都具备善恶的可能性，所以现在做什么、以后做什么，其行动是重要的。

佛法指示了克服自身生命里的"贪欲""瞋恚""愚痴"之路，教导关键是从每个人的变革出发。

再回到《水浒传》。这部小说中多次强调的是这样的结构：邪恶的人嫉妒贤者、善良的人、有能力的人，用谗言、阴谋、权力等迫害，因此社会混乱，破坏民众的生活。

恩师户田先生也经常谈到这种由恶造成的迫害结构。

户田先生本身被日本军国主义横暴镇压，他坚持了两年狱中斗争，所以对权力的恶、邪智的谋略很严峻。

如诗人屈原所歌吟，"此溷浊而不分兮，好蔽美而嫉妒"，自古中国文学深刻地道破这一点。

释尊以来，佛法也指出了对正确的人"嫉妒""谗陷"的迫害结构。《法华经》说"犹多怨嫉"，"恶口骂詈"等。

王蒙：我呼应先生的高见。

嫉妒与谗陷是人类最最卑劣的弱点的表现。同时，我想起左宗棠的对联："能受天磨真铁汉，不遭人嫉是庸才。"说得太妙了。

所以我要说，一不要嫉妒人，二不要怕人嫉妒。甚至于可怜一事无成的人对有所成就的人的毒火一般的嫉妒心。嫉妒人肯定比被嫉妒更痛苦。

池田大作：说得对。被嫉妒反倒是智慧、美德闪光的人的佐证。

德国哲学家黑格尔强调："自由的人没有嫉妒心什么的，主动赏识高贵的事业，为其存在而高兴。"

能称赞正确的、优秀的，为之喜悦，这样的人会增加信任，进一步发展。破坏进步与喜悦的嫉妒正是恶的本质，只会自我贬低，陷于痛苦。

王蒙：《水浒传》此书中我感到印象最深的不是恶人，而是被妄加罪名、遭受损害的各色人等。

全书最感动我的是林冲，是风雪山神庙。造反的好汉有时也失当，过度使用暴力，血腥描写令人反感。至少是遗憾。尤其是"水浒好汉"对女性的态度太糟糕，令人遗憾。

文学作品中常会有某种艺术夸张或虚构至极的描写，在这一点上文学不是历史，不是法庭记录，也不是行动指导。暴力反抗在任何社会都是危险行为，然而小说里往往表现很多暴力反抗。

我是写小说的，但不大赞成过度对号入座的读法。例如《水浒传》，语言夸张多，也有泄愤的成分。痛快的说法也有，但那是为了和在现实世界不能实行的事情取得平衡吧。人们在现实世界中受到的压迫欺凌窘迫不少，说不定只有在小说中才能痛痛快快地杀贪官、除恶霸、救义士、助弱者，还有一身好武艺，与伙伴志同道合、义薄云天、大块吃肉、大称分金银……池田先生怎么看？

池田大作：我也有王蒙先生的忧虑。不仅文学，今天技术进步，在制作酷似现实的虚构影像上也获得成功。必须经常注意，把这种虚构与现实混同会迷失本来的自己，尤其是那虚构煽动暴力、贪欲、偏见的话。

总之，任何问题都不是靠暴力能够从根本上解决的。暴力引起暴力，反而使问题泥淖化。

但为了表现真实，有时也需要虚构的生动语言和故事，因为作为文学对象的看不见的人的精神世界是广大的，必须发现符合那信念的美好、喜悦的跃动、纠葛的激烈、苦恼的深沉的表现。写实也好，虚构也好，首要是想要表现什么吧。

像林冲那样蒙受无辜之罪或者被残酷虐待的人们不计其数。正因为如此，完全可以有代言那种苦恼与愿望的故事。

例如，日本江户时代的代表性长篇小说《南总里见八犬传》，是作家泷泽马琴参照了《水浒传》等作品。《南总里见八犬传》里面有"可以悔悟虐待善人之过"等语，是惩恶劝善的幻想小说。当时就作为歌舞伎、浮世绘等日本艺术、文学、文化的题材大受欢迎，也许与《水浒传》在日本受欢迎有关。

《水浒传》的魅力之一也在于好汉们一个又一个被社会的无理逼上梁山聚义，多至一百零八人。

这一连带描写揭橥大义，形成一条心、苦乐与共的兄弟纽带，与嫉妒、阴谋横流的人际关系形成鲜明的对照。

梁山泊的团结是各具个性的好汉发挥了自己的特长。

户田先生评论过梁山泊的好汉们。例如，关于深深仰慕宋江的好斗的黑旋风李逵，说他"不郁闷，自由自在的性格令人喜爱"，"青年对自己的行动要这样有确信，自由自在地做"。

还谈到燕青为梁山泊阵营完成外交工作等，指出"在任何场合，让人各尽其才很重要"。

王蒙：说得好。日本对《水浒传》的知性考察远远超过了我的认识，大受启发。

池田大作：请谈谈您感兴趣的《水浒传》人物和情节。

王蒙：写得最有深度的人物还是林冲。李逵式人物留下印象，但不像林冲那样令读者感动。

林冲本来并不想造反，硬被逼到那一步。火烧草料场，风雪山神庙，英雄困厄，豪杰落荒。

怪不得昆曲的独角戏《林冲夜奔》引人入胜。"丈夫有泪不轻弹，只因未到伤心处"，这两句台词让多少男儿哀伤不已。

还有宋江被流放后喝多了酒，浔阳楼上题反诗的情节也令我难忘。当然造反是抛了身家性命和财产的万不得已的最后选择。这部小说描写了这种造反者的内心痛苦。

武松、武大郎、西门庆，尤其是潘金莲的故事，令人十分纠结。潘金莲，高个子的美女，其实是弱者，受到张大户的欺压蹂躏。弱者的做法是欺负更弱的弱者武大郎，这样的写法在中外古典文学中并不多见，多见的是善恶分明的写法。

池田大作：户田先生评《水浒传》人物，我至今记忆犹新的是评宋江。

户田先生问青年们：一个小官吏出身的人为什么能当上梁山泊好汉们的头领呢？听了青年们的各种意见之后先生指出了层次完全不同的视点。

"宋江是外表实在平凡无奇的人，他只有一个特别的能力，那就是看透对方是什么样人物。他遇见谁都看清对方的才能，从心里爱其才，敬其才。凭理解之深，是头等人物。"

先生就此引用《史记》的话，"士为知己者死"，深入教导。

领导人了解每个人的长处，从心里敬佩，正确评价，才能让大家安心，认真发挥力量。

通过《三国志演义》也谈到任何组织、团体、社会为发展下去而会集人才，培养并活用人才，团结一致，都必不可少。

在这一点上有堪为模范的领导人吗？中国或世界历史上的人物都可以。

王蒙：历史上许多大人物并不是个人资质出类拔萃，而是团结了很多出类拔萃的人物，才得以建功立业。

您知道韩信的故事，他跟刘邦谈论带兵，说：大王就能带一定数量的兵，而他是多多益善。他带兵的能力不限于数量。刘邦问：那你为什么要听我指挥呢？韩信回答：陛下的特长不是带"兵"，而是带"将"。

池田大作：这个故事很有名。

武将韩信、军师张良、宰相萧何在刘邦手下各自发挥非凡的能力完成了建立汉朝的大事业。

刘邦几次大败给项羽，但最后终于取得胜利，统一天下。那时刘邦定萧何为首功。他压过在前线打仗的武将，因为他正确地治理根据地关中，源源不断给前线运送粮草兵卒，支援战斗，说来这就是称赞背后的力量。

为加强团结，从各种观点来看，领导人称赞一个人的努力未免欠考虑。

日莲大圣人曾举出拥有 70 万骑的殷纣王被军队少得多的周武王打败，写道："若是异体同心则万事成，同体异心则诸事不遂。"

具有各种各样能力的人们一条心，即"异体同心"，才能完成大事业，是古今通用的方程式。

王蒙：说到大事业的成败胜负，人才的因素之外，中国古代的说法是势的因素，乃至于可以说是天的因素。就是说，首要的原因是势的变化，一边是朝廷权力，一边是民心，当天下朝廷权力与民心没有发生严重裂痕的时候，这个地方的形势与二者已经势不两立的时候完全不同。孟子说："得天下有道，得其民，斯得天下矣。

得其民有道，得其心，斯得民矣。得其心有道，所欲与之聚之，所恶勿施尔也。"《水浒传》上发生的事情所以可能，宋江的造反所以成了气候，除了他本人的人格魅力与手段以外，还在于宋朝的失误和朝廷与民心的对立，使好汉们不得不铤而走险，选择了反叛，同时等待招安。在朝政失误与人民对立的情况下，没有宋江与梁山的英雄故事，也会有别的好汉与别的山头的造反故事。这也是令人深思的吧。

第十回 《西游记》与人生之旅

池田大作：我和中国的国学大师饶宗颐先生谈论文学时问过，中国四大古典小说《三国演义》《水浒传》《红楼梦》《西游记》中您喜欢哪一部小说。

饶先生说："最喜欢《西游记》，故事的进展比较轻松，情节引人入胜。"

《西游记》的故事在日本也广为人知。

神通广大的孙悟空、猪八戒、沙和尚三人保护为寻求大乘佛典而从中国去印度的玄奘，克服种种苦难，打败邪恶之徒，救助受苦的人，故事很痛快。

孙悟空最初大闹天官，无所畏惧，但故事后半，改过自新，写了几个纠正错误的领导人、拯救受苦的民众和孩子们的逸话。

完成了印度之旅的目的的结尾第一百回，说孙悟空们"亦自归真"。在这样的意义上，《西游记》之旅含有恢复自我之旅、寻找真我之旅的要素。

王蒙：人生一世，有机缘去印度取回经的人寥寥无几。但是，人都渴求人生的真经。不过，得不到是通例。随着年龄增长，对人生的知与不知、悟与非悟、情与无情、有意义与无意义，若有所悟的人也渐渐增多。在这个意义上可以说，人人都在取经，并且与邪恶的东西纠缠。

一般来说，读《西游记》时想不到那么深，顺其自然地阅读。往下读饶有趣味，就沉浸其中，一个劲儿读下去。

池田大作：哦，明白了。

东京富士美术馆举办《人间仙境——北京故宫博物院展》，在日本全国各地盛况空前，前面也已介绍过，展品中也有描绘《西游记》人物的"青花西游记人物钵"，生动说明了此书被宫廷等各个阶层广泛喜爱。

《西游记》里腾云驾雾，飞越时空，有很多生动有趣的故事。在现代日本也成为电视剧、动画片等的题材，大受欢迎。

日本具有代表性的汉学家诸桥辙次博士和蔡元培先生等近代中国领袖们有交往，据说他也非常喜欢《西游记》。诸桥先生小时候，母亲干活，支撑艰难的家计，养育10个孩子。但晚上经常给他讲《西游记》等很多故事。后来他觉得不可思议，并非搞学问的母亲为什么读那么多书，知道那么多。

《西游记》成为母子之间温馨纽带的粮食，成为接触中国文化的开端，是产生大汉学家的渊源。

能让孩子们自在地发挥想象力、培育生气勃勃的精神的故事很重要。

王蒙先生把《西游记》推荐给处于自我形成的重要时期的年轻一代，那么，这个小说哪一点值得注目呢？

王蒙： 孩子们感到这个世界有种种不可思议的事、奇妙的事。但随着年龄的增长，这些就渐渐消失了。这是很可悲的。

中国主流的思想是儒学，儒学注意的是面对现实，孔子的说法是"未知生，焉知死？"与"不语怪力乱神"，更加需要用虚构与幻想来补充。幸好我们有《西游记》。

池田大作：《西游记》之旅的出发点有"生死"问题，我深感兴趣。

例如，唐太宗死过一回，去了趟地府（冥界）又还阳。

他看见了惩罚生前恶行的地狱情景，铭刻在心的是"人生却莫把心欺""善恶到头终有报"的"因果报应"道理。

安徒生童话里有一个中国皇帝为主要人物的故事《夜莺》。

知道位于权势顶点的皇帝得病没救了，周围的人都丢下他，跑到新当权者那里。一生里做的善事变成和蔼的脸、坏事变成恐怖的脸迫近濒死的孤独皇帝：记得吗？过去所业在临死之际被审问。后面的故事里皇帝听见夜莺的美妙歌声活过来，洗心革面，重新做人。

人最后都得一个人死。那时一切虚饰被剥掉，是不是真正充实而满足的人生浮现出来。最终由这辈子"自己做了什么"来决定。

　　时代、背景不同，古希腊哲学家柏拉图在名著《国家》最后一卷讲述了勇士目睹死后世界的故事，再次指明"正确的人幸福，不正确的人悲惨"。诗人荷马的《奥赛罗》、古罗马诗人维吉尔的《埃涅阿斯纪》、意大利诗人但丁的《神曲》，主人公都去过人死后的世界。

　　人从死的次元来看生，真实的姿态就鲜明了。活着的意义、生命的法则也鲜明了。这个文学方向性有共同之处吧。

　　王蒙：怎样对待生死问题，这是人生的根本。

　　生是死的前提。我们从来不讨论未出生的人的死。死是生的完成，未死之前任何人都不能总括自己的一生。

　　死使生更加有意义。死是生的背景，生的结论，是生的证明。死使生具体化、真实化，可计量可研究讨论可表述。如果没有死，也就没有对于生的切肤的感受与痛惜。我们对生有感情、有思索、有话语，恰恰是由于死在那里等待着我们。如果只有生没有死，生成了无限，成了永恒，成了超越，成了不分正负不分多少的超经验的数学之概念的神祇，那就等同于没有经验依据的生。那么，什么都不必探求，不必珍惜什么，觉得遗憾、感到痛苦、学习、思考、吟诗、发言，全都不必了。因为如果有无限的未来这东西，那就失去了所有的现实与未来。

　　我访问印度时，印象最深的是印度教对于破坏之神湿婆的崇拜。我还在美国康州三一学院观赏过尼泊尔僧人们的表演。他们做一个精美绝伦的沙城，再在一瞬间将之毁灭，通过沙器、沙城演出

"成住坏空"这"四劫"。

生伟大，死也伟大。建设伟大，毁灭也伟大。

我认为，死是生的某种存在方式。例如"0"也是一个数字，像传染病患者报告为"0"那样使用。都归于"0"，必须步入"0"的世界。而且从"0"的世界生出"N"。"0"与"N"的转化在"∞（无限）"中发生。可否这样说，"N""0"，还有"∞"，不就是色、空以及佛法的教义吗？对于中国的道家来说，这些就是"有""无""道"。

最近还有一个有趣的、耐人寻味的数学故事，一个优秀的作家，他的优秀的作品，在评奖的最终投票中，获得零票。为此，引起了抗议。但是请想想看，他的作品是经过了好几轮的淘汰以后光荣入围，取得"决赛权"的。其他绝大多数备选作品，是没有资格获得最终评选中的那个零票的。零并不是绝对的零。中国的说法是"无非无，无非非无"，也就是老子说的"万物生于有，有生于无"。同样，无生于有，从来无的一切，是永远不会无的，只有有过生存的人才会变为没有，不可能说一个不曾出生的人没有了。

池田大作：东方的生死观，尤其在佛教中明确说三世的生命观，诚如您所言。

可能人一般不大直视死的问题，但抛开这个严肃的现实，不能有人生的真实的生活方式和正确的幸福观。

日莲佛法说："先习临终，后习他事。"而且教示，从结论上，遵循法华经关键的南无妙法莲华经这一生命根源之法，坚持信仰，为法、为人、为社会而生，能够将"生老病死"的"四苦"转变为"常乐我净"的"四德"。

"常乐我净"的"常"是觉知生命是永远的，"乐"是任何苦难都能安之若素的丰富生命力，"我"是确立什么都破坏不了的主体性，"净"是在浊世也能坚持纯洁的生命活动，也就是打开牢固的幸福境界。

佛法之所以为佛法，在于指明了"生也欢喜""死也欢喜"的生死观。我曾在哈佛大学以《21世纪文明与大乘佛教》为题讲演过这一佛法的生命哲学。

讲演会场是探究中国文明等的燕京研究所讲堂。讲评者之一、美国宗教学界权威考克斯教授谈到："西方社会有否定死或美化死的倾向，所以这一生命观对于我们来说有很多值得学习之处。"

日莲大圣人这样描绘反映在"死也欢喜"之境界的世界：

"唱奉南无妙法莲华经，不退转，修行直至最后临终，其事请看，身登妙觉之山，环顾四方，其悦何如！法界寂光土，以琉璃为地，金绳作八道之界，天雨四种花，虚空闻音乐，诸佛菩萨共沐于常乐我净之风，其娱乐为何如耶？我等亦是列位其数，游戏娱乐近在眼前。"

我确信，这诗意的、艺术的美妙世界绝不是夸张的表现，而是佛觉知的真实表现。

王蒙先生也知之甚详的托尔斯泰深入追究生死问题，而且还学习佛教的生死观，深思熟虑，迫近生死不二的永远生命观。

托尔斯泰这样写道：

"活着高兴，死也高兴。"

"生要幸福，要欢喜，再没有别的目的……死是向新的、不得而知的、全新的、另外的、大欢喜转移。"

托尔斯泰那样彻底追求善的人生所打开的境界含有也与佛法的生死观相通的哲理。

古典文学的滋润

池田大作：上面谈了代表中国的古典文学。

贵国有丰饶的文化，经得住时代风雪的古典文学为数众多。

鲁迅先生这样写道：

"夫国民发展，功虽有在于怀古，然其怀也，思理朗然，如鉴明镜，时时上征，时时反顾，时时进光明之长途，时时念辉煌之旧有，故其新者日新，而其古亦不死。"

我认为，读古典文学不单是恋旧的次元，也是凝视任何时代都不变的人的真实，而且径直连接到现代的我们反省自己。因此，学习古典文学是为活在今后，开辟未来。

王蒙：我常说"古"在心中，"古"今天也活着，它时时刻刻不断地变化。

万物在消失，万物在遗留，万物在新生，万物在毁灭。

池田大作：听说现在日本有一种叫"轻小说"的面向年轻人的通俗小说，还有写在商务或生活中生存的教训的书畅销；另一方面说出版不景气，就全体而言，书越来越卖不出去，古典更是如此。

想听您谈谈现代读古典文学的意义。

王蒙：随着传播技术的发展，文学更加大众化、快餐化、消费品化。正因为是这种时候，读古典里卓越人物们登场的优秀的不朽之作非常有必要。

今天中国有这样的笑话：作为各个时代的特征性文学，人们称赞楚辞、汉赋、唐诗、宋词、元曲、明清小说，那么，该怎么样说中华人民共和国成立以后呢？难道是电视小品与手机段子吗？

池田大作：还有电影、电视剧的原作及其相关图书引起人气吧。

听说近年被编成电视剧、成为话题的人物有一位清代著名文学家、史学家纪晓岚先生，是王蒙先生母亲的祖辈。

王蒙：纪晓岚是著名的文人，他的著作《阅微草堂笔记》脍炙人口。读过他对李商隐诗的评论，觉得偏于道学，可能是不谙诗学吧。

纪晓岚与我的母系是姻亲关系。纪晓岚近年在中国受注目是由于电视剧。当然编纂《四库全书》什么的为人所知，但不是那种斤斤计较、头脑不灵活的官僚，所以很招人喜欢。

池田大作：纪晓岚也有被流放新疆的不得志时期，但跨越苦难，作为中国最大丛书《四库全书》编纂者留名青史。

王蒙先生说过"置身于逆境时，学习的条件最好不过了"。跟逆境战斗的经验给予文学作品的深度是什么呢？

王蒙：罗曼·罗兰有一句名言："要赞美幸福，也要赞美痛苦。"痛苦的挑战也是考验，提高人的精神力量与精神的质量、坚强、自信、忍耐、自我改革以及自我平衡的能力等。

人各有弱点。事情顺利进行而成功时，人往往骄傲起来，自我陶醉；但逆境使人变得冷静，踏踏实实地活，不想入非非，不说大话。

池田大作：人接受考验或挑战，敢于面对时自身之内就绽放伟大的智慧和创造力。今后时代尤为重要的是开拓人生命所蕴藏的丰富的可能性和能力开拓。

我会见过的 21 世纪屈指可数的科学家、思想家勒内·迪博博士提倡有名的"全球思考、地域行动"的口号。

勒内·迪博博士说：

"危机是源泉，几乎无例外地把我们引向丰富。因为危机让我们追求新的解决途径。"

"用终极的形式来说，人的潜在可能性只有面对挑战才能实现。不努力就没有人类的进步。不努力的人必然是堕落的，甚至尝不到幸福或满足。"

这一点也要通过教育或地域、团体的学习活动等传给年轻一代，这越来越重要。

在这个意义上，年轻时就沉浸于良好的环境，奢侈理所当然，作为人就不幸了。能主动吃苦、纠葛，忍耐，努力再努力，锻炼强韧的才智和人格，这样的青春反而是幸福的。

关于文化的力量

池田大作：王蒙先生曾担任中国文化部部长，主管文化行政。

您说过这样的信念："文化不仅推动革命，而且是我们人生的智慧，是历史的积淀，是学术的精华，是生活的质量，是提升我们的一个手段，是审美思辨。"

可以的话，请王蒙先生谈谈文化部长时代为发扬中国文化特别用力抓了什么事业。还有，关于文化交流怎么看。

王蒙：我当时致力于推进改革开放，扩展人们的精神空间。

同时，努力用一种健康的、建设性的文化性格、文化姿态取代靠豪言壮语的欺骗性、破坏性语言的文化激进主义、文化分裂主义、文化恐怖主义。

20 世纪 80 年代中国和日本之间的文化交流对于我是非常好的记忆。其中，日中文化交流协会做了很多有意义的交流。例如，东山魁夷绘画展、剧团四季访华公演、翻译出版日本作家的作品等。

茶道、花道在中国表演也引起各方面关注。茶道在人民大会堂的表演我也参加了，记得是"里千家"。茶道交流尤其多。

包括创价学会在内，日本方面搞的活动也知道好些，当然不是全部，总之有很多活动。

也有正式由文化部主办的活动。其中，中国艺术节基金会英若诚、方杰等领导也得到创价学会的多方协助。创价学会为邀请、推进有关中国文化的活动作出贡献，都非常感谢。

池田大作：哪里。英若诚先生，还有方杰先生，我也很熟悉。

英若诚先生是著名演员，还出演过获得奥斯卡奖的电影《末代皇帝》。和他交谈过王蒙先生的文学，恍如昨日。

方杰先生作为民主音乐协会（民音）邀请的中国京剧团团长，来日本时也会谈过。

王蒙先生深入参与了代表日本传统文化的茶道，作为日本人，我感到高兴。

里千家第十六代家元千宗室先生以前接受圣教新闻采访，谈到茶道的精神。

"茶道常被说是'接待的文化'，其实是'寻找自我的文化'。"

"茶道是练功，削掉多余的东西，以尽量抛弃自己身上的虚荣、嫉妒、歪门邪道，寻找本来的自己，接近本来的自己。"

磨砺净化自己的生命，就能发现本来的自己，能满怀真心地关心他人。我觉得这是一切领域相通的人之道。

我曾和远州茶道宗家第十二世小堀宗庆先生是邻居，长时间交谈过。

流派之祖小堀远州是任职江户幕府的综合艺术家，不只茶道，还是文化人，指导筑城、造园等，和歌、书法也卓越。

据说远州教导："重要的是知道旧东西的好，进而加上新创意。"

确实，这是指出了继承日本的传统文化，并且从邻国中国，还远从西洋拿来茶具，向世界文化敞开心扉，致力于新创造。

远州的茶道之教有这样的话："尤勿失朋友之交。"

而且超越身份，从将军、贵族到市人、工匠都招待，开很多茶会进行交流，重视人和。

小堀宗庆先生强调的从远州继承的精神，例如尊重人和，常体贴对方的诚意，通过茶道尽力于世间和平。

我也希望日本发挥这种传统文化精神，为世界和谐做贡献。

王蒙：对于今后的世界，我很欣赏伊朗前总统哈塔米提出的不同文明之间对话的倡议。在德黑兰，我拜访过他，他的风度与谈吐令我倾倒。

池田大作：王蒙先生推进了这种文明之间的对话，我从心里表示敬意。

国籍、民族、宗教、思想不同的人们对话，彼此正确理解，加深友谊，文化是巨大的力量。

《礼记》反复强调音乐的"和合之力"，说："论伦无患，乐之情也。欣喜欢爱，乐之官也。"

民主音乐协会要在日中相互理解与和平友好上发挥音乐的精

彩的和合之力，从中国邀请艺术团体来日本，已经有四十多年的历史。

最近，2014 年，中国国家京剧院著名演员们在日本各地演出了"梅兰芳"艺术保留剧目。

2015 年，中国人民对外友好协会、上海文化发展基金会、上海歌舞团和民主音乐协会等共同制作的舞剧《朱鹭》在各地演出。哪里都激动人心，成为进一步加强日中友好纽带的机会。

今年，2016 年，中国杂技团在日本 27 个城市演出"梦幻世界——熊猫当家"，这是世界上首次公演，大获好评。

东京富士美术馆也同样每年举办大型计划展。今年秋天，中国人民对外友好协会、中国文物交流中心以及日中文化交流协会合作，将举办主题为"汉字三千年——汉字的历史与美"的展览会。

不间断的文化交流所形成的民众之心的纽带才是不可动摇的和平基础。

王蒙：我决不会忘记池田先生和创价学会对中日文化交流的贡献。

我也常常想起和日中文化交流协会亲密交流的经验。井上靖先生、千田是野先生、东山魁夷先生、团伊久磨先生以及水上勉先生，他们的音容笑貌铭刻在我心中，栩栩如生。我也曾把访日见闻写成文章。

从心里祝愿中日文化交流实现新发展。

第十一回　永葆青春在于学习之心

　　池田大作：现在日本进入了前所未有的老龄社会。总人口中 65 岁以上的老龄人口所占比例为 26.7%（2015 年）。四个人当中有一个以上高龄者，估计老龄化今后将进一步发展。听说中国也有老龄化倾向。

　　以什么样的心态进入自己的老年期，才能硕果累累，活得很充实呢？这愈来愈成为社会关注的焦点。

　　我这回想结合王蒙先生《我的人生哲学》等著作以及中国思想、佛教思想等，谈谈这一点。

　　以前请教过中国的国学大师饶宗颐教授，在和他的交流中，有句话让我无法忘怀。

　　那时饶先生说："自己如今虽已届 90 岁，仍觉学有不足之处，仍须改革自身，也因为这个原因，作品的变化也就多了。"

　　"老年人在精神上的磨炼也不可欠缺。"

　　他甚至说，以"艺术、文学、文化之力是人类和平的天籁"的高迈使命感，把"创价"即"创造价值"的"创"这一字作为今后的人生主题，这种蓬勃的朝气令我深为感动。

将近百岁的他，现在仍然奋进在探究和创造之路上，他的朝气蓬勃令我深深感动。

王蒙先生也谈过自己的信条："有生之年还要继续写下去，以报答读者，报答同行，报答朋友。"

如今您已年过80，还生气勃勃地继续新创造。

王蒙：与饶宗颐先生等前辈们相比，我还是后生晚辈。

我也有幸结识饶宗颐先生，有所交往。

他的特点是保持平常心，一点都没有大学者或名人的牛气傲气，总是很沉稳、和蔼可亲。饶先生永远是一位平常心的人。

池田大作：《庄子》中说"大人无己"。具有伟大人格的人绝不妄自尊大，而且总是在探究、向上，不会停滞。

为了天天发挥创造力，您认为什么最重要。您本身平常具体挂念的是什么？

王蒙：我从未想到我可以享寿80高龄以上，并且在耄耋之年继续写作、讲课、旅行、游泳。

首先我感恩，谢天谢地，感谢亲人友人照拂，还感谢社会的进步与营养、医疗、健身条件的改善。

工作与学习是生活的两大法门。"但问耕耘，莫问收获。"工作是为了社会，为了天地。这首先给自身以活的理由与意义。工作是爱的表达，学习给头脑与灵魂以光明与前景。

我工作故我在，我思故我在，我学故我在。工作、思索、学习，这些当然都不受年龄的影响，活着就可以继续。

庄子称之为"善其生"。"善其生"才能"善其死"。告别此岸时不会遗憾、委屈，不怨天尤人，不自我折磨，不消沉，不充满戾气。这也是创造价值吧。制造出光明，创造仁爱，创造勤劳和智慧。

相信自己。相信 8 岁的自己，相信 80 岁、90 岁的自己。

池田大作：有深思，有体验，说得非常好。

好像医学也有研究，人的大脑活动跟年龄无关，纵览全局的判断力和创造性反而随年龄而增强。为充实的人生增光添彩，人的"活法"如毕生学习、地域贡献的活动，从这一点来说也更为重要。

文豪陀思妥耶夫斯基写道："人类存在的秘密不光是活着，还在于为什么活着。"

"为什么活着"，对人的根本目的的质问是人生最后完成时期对自己最重要的质问。

刚才王蒙先生说，为社会、为天地而创造价值，从中发现活着的意义，我觉得我明白了您越活越年轻的理由。

在此我想起了以前会见过的"帕格沃什科学和世界事务会议"发起人之一罗特布拉特博士。他是在呼吁废绝核武器与和平的《罗素—爱因斯坦宣言》11 名签名人士中活到最后的。所以他高举宣言所强调的"我们要以人类的身份呼吁人类：专注于你们的人性，忘记其他一切事"，年过 90 还在为和平这一大目的生气勃勃地奔走。他说"我不许自己'疲惫'"，身子也猛地挺直，声音洪亮。

更让我铭感肺腑的是，博士直到最后的最后还为未来精心培育青年们。把比他年轻 60 岁的助手叫作"一起工作的同事"。

2001 年 9 月 11 日的"美国恐怖袭击事件"发生后不久，情况还严重的时候，他从伦敦赶到美国创价大学给学生们讲演，予他们以激励。

具有豁出生命而无悔的伟大目的是朝气蓬勃活到底的力量。

返回刚才的话题，听说王蒙先生少年时代身体不太好，但通过新疆生活以及与人交流变得健壮了。您强调农村劳动、户外活动的好处，是从这种经验获得了健康人生的智慧吧。

王蒙：我感恩上苍，感谢父母。总的来说，我的基因没有什么问题，能比较健康地活到今天，这当然是幸福的。

健康是医学、生理学用语，同时是人生的一种态度、一种选择、一种心理把握。

我见过很多很多人，不是愚笨或贫穷的理由，不是因为生理上的先天弱点，反倒起因于自己的长处，一辈子自我折磨，也伤害旁人。

例如某人智商很高，有才能，高学历，拥有广泛的人脉，但高估自己，欲望无限地膨胀。他受不了跟自己的资质差不多或高过的人，这种人每天生活充满了恼怒和怨恨，拼命要压过别人，总之自己要出类拔萃。可是，最后他一事无成，终成笑柄。

还有的女性，由于才能出众，美貌超群，反而心比天高，步步是烦恼，事事不如意，整天抱怨，好像谁都欠她的。这样不健康的生活态度比比皆是。

还有这类人，身体健康，青年时代极顽强，于是总寻欢作乐，暴饮暴食，好说大话，逞强斗狠。花天酒地，争一日之长，不知自爱，缺少自律，无缘无故地造孽，最终是自食其果。这种人也多得数不过来。

老子讲摄生，善于摄生的人"无死地"。就是说，能珍惜、保护并善于使用自己生命的人，不会陷入非死不可的状况或场所。何谓"死地"？那是贪欲，是怨恨，是嫉妒、妄念，包含佛家说的种种妄心。这些全都是"死地"。还有投机取巧，孤注一掷，匹夫之勇，自取灭亡等，这些也通向死地。

为远离这种"死地"，关于摄生，老子说："陆行不遇兕虎，入军不被甲兵，兕无所投其角，虎无所措其爪，兵无所容其刃。"这观点多么好啊。

而庄子讲养生，讲自由，还讲自我解放。若能把自己从贪欲、憎恨、嫉妒、嗔怨以及斤斤计较之中解放，就能像"庖丁解牛，游刃有余"那样生活。

中国古代的老子和庄子把摄生、养生提高为核心价值加以考察。对于他们来说，健康是哲学问题，道德问题，还是人生选择的问题，不单纯是营养、生活习惯与医疗服务的问题。

20 多年前我有机会见到周谷城教授，当时他年龄已经相当大。

我问到他养生之时，他回答"我的养生之道是'不养生'"。这是非常中国式的说法，也就是，做人不拘泥于任何事情，"但问耕耘，不问收获"，以这样的态度活下去，自然而然就进入无往而不胜的境界。

至少就我个人而言，因为少年时代身体不好，所以很注意健康合理的生活习惯，不胡作非为。"文革"期间过度寂寞，曾吸过香烟。吸了15年，现在戒烟已经有36年。也从不酗酒，不暴饮暴食，避免工作过度劳累，注意生活与工作的节奏。还利用一切机会锻炼身体，如今也经常游泳、散步。这些好习惯对于人绝对有益。

池田大作：您一直努力保持健康呀。如您所言，真正的健康，不仅身体，心态也重要。

还有白居易吟咏"心是自医王"，几度强调毅然之心，不向疾病低头。

佛法说"色心不二"。"色法"是身体，"心法"是心的活动，"不二"是二而不二的意思。

即这样的法理：身体和心虽然有外形与内面的不同，但它们是一个生命的两个表现，彼此关联。

为了健康的人生，要重视身体方面同时也要重视心的方面。很多人也从医学观点加以强调这一点。

我对谈过的记者诺曼·卡森斯被誉为美国的良心，他本身也奇迹般地战胜了胶原病、心脏病等重病，说"希望就是我的秘密武器"。晚年作为加利福尼亚大学医学系教授从事研究，从医学上证明"人的积极情绪或心态给身体带来生理化学变化"。

希望、爱情、活的意志等人的积极的心力为克服疾病发挥重要的作用。这就是卡森斯的洞察和确信。

与此相关,像王蒙先生强调的那样,人不断地"学习",心也年轻。

关于生涯学习

池田大作:王蒙先生在《我的人生哲学》中写道:

"学习是我的骨头,学习是我的肉(材料与构成),学习是我的精气神,学习是我的追求、使命、奋斗。"

"我恍然大悟:我的最大特点,我的贯穿平生的身份不是别的而是学生。我是学生。"

"我从来没有停止过学习。"

老龄社会是大家更致力于生涯学习的社会。继续学习,能把人生的时间用在价值创造上。人生前辈的丰富体验和智慧对于下一代人来说也应该共有的东西有很多,谈一谈,传之后世,也是很重要的。

东京富士美术馆举办《大三国展》,展出了威风凛凛的关羽读史书《春秋》而沉思的绘画。

根据《正史·三国志》,刘备说:"勉之,勉之","益人意智";曹操夸奖:"长大而能勤学","老而好学";孙权赞叹:"人长而进益。"

这里记下了统率国家的王公武将们在繁忙中竞相学习、增长智慧的情形,给人留下深刻的印象。

创价教育的创始人牧口常三郎第一任会长跟日本军国主义战斗,身陷囹圄,进行了壮烈的斗争,73岁死在狱中。去世前一个月,他从狱中给家属的信里写道:"在精读康德哲学。"

我恩师户田城圣第二任会长去世之前,天天在病床上问我在读什么书,说"我读过《十八史略》哟",给我讲中国历史。

他们把创价教育"不断学习"的基本精神留传后世。

王蒙:刚才池田先生讲的创价学会草创时期领导人牧口常三郎先生和户田城圣先生的事迹很感人。

重视学习就是重视人的精神生活与精神力量。这在精神的成长、丰富、进取、追求完善上不可或缺。

孔子说颜回:"惜哉回也,吾见其进也,吾未见其止也。"有进无止,这就是学习的精神。

中国古语说"学如逆水行舟,不进则退;心似平原走马,易放难收",也是这个意思。

不进则退,这是学习的特点。放松了学习,停顿了学习,原有的知识、学问、记忆也会渐渐褪色,原有的本领、技巧也会因长期搁置而生疏退化。至于心应该是平原走马,自由驰骋还是要聚拢净化,静如止水,则是一言难尽的复杂问题。中国的古语强调静笃,不强调发展想象力与创造力,是一个缺陷。

至于我个人有此认识与实践，原因之一是我人生命运的起伏。我发现，在我的精神生活中，能够无条件地坚持下来，较少受到干扰压迫歪曲的活动莫过于学习。我时时具有的快乐莫过于学习，我绝少徒劳无功。绝少无功反而成过的精神活动也是学习。

例如在新疆，"文革"当中，写作停止，社会活动停止，一切有益于社会与青年的文化事业都不能参与，但是我使之变成我学习阿尔泰语系、突厥语族的维吾尔语的良机，进而学习西域学、伊斯兰学、中亚细亚学。我甚至觉得逆境是学习的充电良机。

学习是度过逆境的最好方法。恰恰是逆境能提供最好的学习状态，就像患病能提供保养改善身体的最好机会一样。逆境的特色是许多事情做不成，正好聚精会神地学习。陷入逆境等于保送到了名牌大学的研究班。逆境还有利于自我反省，有利于谦恭自问，反求诸己，从善如流，知耻乃勇。有什么东西比学习更能让人感受到自己的精神能力、精神发育、精神优势的呢？谁又能抹杀掉一个人的精神积累、精神瑰丽与精神的坚强乐观呢？

中国现今有一个说法，叫"构建学习型社会"。

我认为这个思想最早的渊源出自孔子。《论语》开篇就是讲"学而时习之，不亦说乎"。孔子反复地讲学习的重要性。"性相近也，习相远也"。就是说，只有学习才能达到文明与幸福人生的目的。

孔子强调自己不是圣人，不是生而知之者，靠的是学习。孔子最关心的是世道人心。只有通过学习才能培养仁义与忠恕的善良之心。

强调"见贤思齐""三人行必有吾师";还提倡"学而不思则罔,思而不学则殆","敏而好学,不耻下问"。

这些教导至今仍无可置疑。

池田大作:"学而时习之,不亦说乎"是我也深深铭刻在心的话语。

其实,恩师户田先生在战前经营学习塾,以实践创价教育,名字就取自孔子的这句话,叫"时习学馆"。恩师也是优秀的教师,是数学大家。他把"时习学馆"的教材汇编为《推理式指导算数》,当时畅销 100 多万册。

继承恩师的精神,创价大学有命名为"时习馆"的学习、研究设施,创价学园也设有学生自习用的"时习馆"。

孔子在世的春秋时代是周王朝衰亡,诸侯争霸的战乱时代。

孔子在失序的动荡时期以正确的政治为目标,呼吁兴隆教育。日莲大圣人也再三言及孔子的思想和苦难的人生历程。

在王蒙先生举出的话语之外,我喜好的孔子的话还有"学而不厌,诲人不倦","爱之能勿劳乎,忠焉能勿诲乎","有教无类"等。从中能感受到对人的信赖和敞开的心。

也可以说,学习是自己向世界敞开的表现。深刻地了解对方,尊重对方。这会产生宽容、和谐、友情。以学习为粮食,有新的前进、创造。

前面也提到的领导儒教复兴的杜维明博士(北京大学教授、哈佛大学教授)强调通过对话学习的态度之重要。

"所谓对话，是倾听别人的意见以充实自己、能加深自我认识、自我理解、自我批判的难得机会。"

在这个意义上，学是光，无学是暗。"继续学习"是照亮人生和社会的光源。随着年龄有新发现，加深智慧，是长久学习下去才能得到的喜悦。

王蒙：各国专家已经屡屡指出，年龄并不是学习和创造的障碍。恰恰是软弱的人才计较年龄、身份（退休还是没有退休等）、听力、视力、记忆力的状况。

学习本身就是精神的健身操练，就是对衰老的延迟与对自己的精神能力的信念。高龄了，也许影响你主管事务、影响你出差、应对紧急情况，但是不会影响你的学习。如果你年轻时平均1小时能够读100页书，现在只能读10页了，这又何妨？

学习也是安慰，是老年人的朋友，是视力退化的人的指路灯光，是听力退化的人的助听器，是老而弥坚弥强的人的平台。

池田大作：确实，学习没有退休。人只要活着，就要继续学习。而且，更深地注视人生、使之充实的学习很重要。

全球化、信息化的现代是可以学得更广更多、创造价值的时代。

当今走上了社会也继续学习的人增多。各种学习班、函授教育、广播大学等学习机会也更加普遍。

令人高兴的是，在创价大学函授教育系学习的人数已达到日本第一。创价大学自建校之初就开放校园，为市民举办公开讲座，听讲的人已累计 35 万。

有人为取得教师等资格而学习。有青年经过反复摸索，重新学习，挑战新出路。有中年人或妇女基于很多的人生经验向学问挑战，进一步充实人生。很多老年人也寻找学习的乐趣，踊跃参与。

也是为了今后要学习中国文化的人，想问问王蒙先生，在悠久的中国历史上在文化这一点上最好的时代是什么时候？

王蒙：这不好说。从文化的视点来看，在东周先秦时代，哲学思想、文化思想、诸子百家兴起，形成了中华文化的格局。这个格局至今也尚未完全突破。

现在谈中国文化，必须从孔孟老庄、诸子百家谈起。而且，没有比这些更大的气魄，更大的格局。可是，要说喜欢哪个时代，这个时代又是很糟糕的时代。盛唐文化比较好，完全是比较而言，也有靠军备武装来统治的背景，但我觉得宋朝文化的发展很精彩。对于我们写小说的人来说，明清小说令人佩服。

池田大作：刚才您说的唐宋明清文化，日本也得到巨大的恩惠。

唐与波斯、阿拉伯、印度、中亚、东南亚、东亚等形形色色的人、文化进行交流，融合在一起，是世界史上也值得大书特书的"开放文明"的时代。

其中，诗歌、绘画、书法、音乐、舞蹈等领域文化大发展。也众所周知，佛教，尤其是法华经，是唐代文化兴隆的源泉之一。敦煌艺术是一个代表。

关于唐代的"开放文明"，和饶宗颐先生交谈时，他这样说：

"能够流传至今，发扬光大成伟大的艺术的，必然是能兼收并蓄其他民族、国家文化艺术之优秀组成部分，而不是排斥他人，自高自大的，这是毋庸置疑的。因此，我主张世界各个民族，各个国家的文化都不要排他，而要互相学习、融化，然后不断创新，才可以创造推进人类更新更美的艺术。"

中国文化这种生动有力的开放风气不也是一种魅力吗？

而且，在苦难时代中涌现伟大创造力的人们的轨迹也多值得学习。

例如宋（南宋）诗人陆游吟咏："诗情剩向穷途得，蹭蹬人间未必非。"

触及这样活的人学大概也是学习丰饶的中国文化的乐趣之一。

王蒙先生对世界文学也有很深的造诣。世界文学中您最喜欢的作家是谁，最喜欢什么作品？

王蒙：太多了。托尔斯泰、陀思妥耶夫斯基、普希金、莱蒙托夫……喜好俄国文学是因为过去俄国的一切跟我们中国人的经验密切相关。

还有，法国的巴尔扎克、梅里美、雨果。

我人生中最不愉快、最困难的时候，20世纪50年代的政治运动中落马的艰难时候，读了狄更斯的《双城记》。社会大变动、大革命的时候，什么事都可能发生。我觉得这个狄更斯肯定是我的知音。

日本的《源氏物语》我也很认真地研读，因为世界公认的第一部长篇小说是《源氏物语》。

池田大作：王蒙先生提到的世界作家、作品很多被世界各国阅读，给人们以"精神滋养"。

我青春时代也爱读雨果的《悲惨世界》，有一段非常喜欢：

"光明使人健全，光明使人辉煌。所有亮丽的社会光辉产生于科学、文学、美术以及教育。造就人，造就人吧。"

教育之光使人光辉灿烂，给未来带来希望。

这也是更需要搞好函授教育、成人教育、生涯教育的时代。

王蒙：教育非常重要。

中国的发展很快，各方面的人才很需要补充知识，训练技能，培养符合现代文明、社会所要求的品质。

活到老学到老，这个话太重要了，就是说，只有死亡才能结束学习。

池田大作：创价大学讲堂舞台帷幕上绣了意大利文艺复兴巨匠拉斐尔的名画《雅典学派》，这是学习探究精神的象征。古希腊哲学家柏拉图和亚里士多德师徒交谈的场面置于中央。

柏拉图说："灵魂的状态是通过运动的学问、练习获得并维持学识，变得好起来，而由于静止的非学问、非练习，不仅不学习，还忘了学过的。"

如王蒙先生所言，学习是精神运动，让人变好。

亚里士多德也道破：学习是最大的快乐，"学习包含恢复本来状态的行为"。

可以说，学习是满足本来自己身上存在的求知的性格，引出智慧和力量的行为，是只有人具有的崇高权利。

第十二回　活自己的命

池田大作：人具有任何人都不能替代的尊严的生命。每个人活过人生的春夏秋冬，在生命上铭刻无上宝贵的体验。

王蒙先生曾这样强调："我寻求的是感动的体验"，"感动就是为体验生的与死的滋味，就是到银河系、到大地、到神州河山中走一趟的滋味"。

还说过："喜对天下，处处可喜。"

这些话都表现了向前看的信条，探求人生的深刻价值，创造活下去的感动与喜悦。

王蒙：生命的过程是一个一个体验的过程，体验是生命的证明，是生命的收获，是觉悟，即最终做到有所理解有所烛照的准备。活一遍，体验一遍，然后你才可能有所觉悟，入光明境。

喜悦是对于生命的感恩，是感谢世界、天地、自然和主宰（或主导理念）、生命的获得。若是有神论者，应该感谢神性的主。若是无神论者，同样应该感谢物质的大自然、大世界。

喜悦是无条件的。就是实际上能活着，就是与亿万同类、生命、日月星辰共处，就是在其中体验，苦恼，体会，得到什么悟。众星众沙众物，谁能拥有你这份幸运呢？

池田大作：据天文学说，活在地球上的人的身体是大恒星的超新星爆炸被释放到宇宙的重元素组成的。我认识的天文学家也说："说'我们的身体是星星做的'，是天文学家的常识。"宇宙的行为关系到一个生命体的诞生。

无法想象，世界何其多的现象与现在的自己关联，给予影响啊。现在的自己活下来，蒙受何其多的人恩惠啊。能深深感受、感谢这一点的心里有喜悦。而且，自己得到培养，再用感谢之心培养人报恩，也会是喜悦。

创价大学讲堂前立着美国惠特曼的像。这位诗人曾指出："尊重从别人那里受到的恩的性情，抱有感谢之念的性情，是甚为必要的。这就是主要问题，根本要素。""就我本人的生涯、著作来说，我注意其中的感谢部分。不论说到了什么，根本上觉得是最好最高的部分。"

感谢是积极地创造性地活。

今天要说我的巨大喜悦就是寄托未来的青年们成长的情形，青年跨越苦难大大进步的报告。

杜甫有这样的诗句："男儿功名遂，亦在老大时。"

我把人生的最后事业定为教育。

也传来很多关于创价学园、创价大学、美国创价大学的毕业生活跃在世界上的报告。上过札幌、香港、新加坡、马来西亚、韩国、巴西的创价教育幼儿园、学园的人也在奋斗。

曾在创价大学留过学的中国学生也在日中交流等各界大显身手。

创价学会以青年为中心倾力于和平运动，而年轻一代成长显著，各地领导人、有识之士也对创价青年们贡献社会大为感动，寄予期待。

王蒙：池田先生的成就我也都知道，想冒昧地分享您的喜悦。

活过了，做了有益于青年与大众的事，积德行善，播下善的种子，人们得到安稳与光明，减少痛苦与焦灼。还有比这更好的吗？比权力、金钱、名声与地盘更重要。

池田大作：完全赞同。

在庶民当中和庶民共同活下去的人生才有可靠的充实与喜悦。

创价学会以建设和平社会与确立自他共同幸福为目标，每一个会员日日信、行、学生命尊严的佛法。而且在世界各地域，男女老少日常聚到一起开座谈会，钻研佛法，并交谈各自的信仰体验、人生体验，互相鼓励。

有致力于地域贡献以及和平、文化、教育运动的活动体验，有解决了家庭问题、构筑一家和乐的生活体验，还有克服了经济困难、工作上取得成绩的体验，战胜了重病的体验。

　　跟人生的考验战斗，战胜被视为宿命的苦难的体验，给人鼓起多么大的勇气，不得而知。

　　不光自己，要和大家共同构筑人生的喜悦。坚持这样的生活方式时，自己的宿命变成使命，自己的体验变成大家的希望。这里不是有很深的价值创造吗？

　　无论多么苦恼，鼓励活下去，告诉活的喜悦，给予活的力量。这里有文学的根本意义吧，有佛法的精髓。

　　《法华经·如来寿量品第十六》说"众生所游乐"，人本来是为了喜悦欢乐才生到世上的。佛法就是为了在自己的生命中确立谁也夺不去的大欢喜境界。

　　王蒙先生也到了可说是人生最后总完成的最丰富的年代，什么样的时候能感到深深的喜悦呢？

　　王蒙：我相信，身边发生的大事小事都是幸福，都是吉祥，都是造化。

　　就步入 80 岁的 2014 年来说，我的长篇小说新作《闷与狂》出版，得到读者的许多鼓励。可能过了年我也衰老了，但今年还能笔走龙蛇，热情洋溢。

　　夏季我还能在海里游泳，享受阳光和海风。

　　最近刚刚写完了论述孔子与《论语》的《天下归仁》。47 位著名书法家书写我作品中的章句，国家博物馆要举办活动。2014 年春天，人民文学出版社出版了纪念我从事文学创作 60 年的文集，45 卷，1600 万字。

更高兴的是我能支持维吾尔族青年摄影家库尔班江的照片、随笔集《我从新疆来》的出版。此书的出版对于今天的新疆人来说具有极为重大的意义。

一个人有应该做的事，有做得成的事情，这已经够让人感动的了。

2014年有许多文艺界朋友离世，歌唱家王昆和她的丈夫、作曲家周巍峙，作家张贤亮，文学评论家何西来等。周巍峙享年99岁，无论多么长寿，早晚非分别不可。

我对释尊说的生老病死、成住坏空，心有戚戚焉。实在悲伤，但也可以说大悲无悲。生命终结，与宇宙、与世界合而为一。

我还想起百岁作家马识途先生与其兄、104岁的马士弘先生的新书联袂发布会。马先生书法精湛，他写的对联"人无媚骨何嫌瘦，家有诗书不算穷"。还用隶书写了左宗棠的对联"能耐天磨真铁汉，不遭人妒是庸才"。能不感动乎？

池田大作：讲得太好了。

文豪雨果写道："对于但丁、米开朗基罗那样的人来说，老就是成长。"此话适用于刚才您说到的先生们，还有王蒙先生。

日莲大圣人也说人生年轮叠加的理想姿态是"必显年少，福重至也"。

精神随着岁月越来越高，创造越来越新，喜悦越来越深。这是人生命具有无限可能性的证明。总之，因为是长寿社会，这个时代可说是一息尚存就探求造成喜悦与感动的道路。

王蒙：关键是充满爱心。爱他人，爱世界。对各种事情兴趣盎然，生活的兴趣，工作的兴趣。失败了，研究怎么样才能转败为胜，对此也涌起兴趣。

也许现在对许多事情不满，还有很多事情说不清道不明。然而爱与兴趣并不是出自对一切的满意，也不是出自对困惑的问题全都能明确地分析。爱与兴趣出自人的生命、身体、良心，以及成长、知识积累，更加以爱和兴趣为必要。

我还有一些小的建议。不要认为兴趣只在大事上，可以培养自己的小兴趣。例如我喜欢自己榨果汁、做豆浆，还喜欢解几何题，练绕口令。还有小动物，昆虫也行，很喜欢养蝈蝈。

不要被世界的负面信息迷惑。一些女作家在作品中愤慨："世界上的男人哪个也靠不住。"不要误解，这不是在贬低男性。这就是期待出现高尚的、有责任感的男人。

多给自己留几条路，养成调整自己的生活方式的能力，这也很重要。相信东方不亮西方亮，此路不通，那条路一定通。简单地说，只要你自己不阻止自己，任何外力都不能难住你。

池田大作：不错，无论处于什么样的环境，造成自己人生的是自己。不要忘记根本在于主体的自己。

《近思录》说："人心作主不定，正如一个翻车，流转动摇，无须臾停。所感万端，若不做一个主，怎生奈何。"

确立不动摇的自己是中国思想所探究，佛法也起初就教导。

释尊说："自己就是自己的主人，他人怎会是（自己的）主人？

若好好调整自己，就得到难得的主人。"

佛法还在包括自己与环境的大次元上把握"自己"，即"依正不二"原理。进行生命活动的主体（正报）与其身所依据的环境、国土（依报）是不二的。

而且在考察环境给人以影响、改造人的作用上，倡导人是主体，更好地创造、改变环境的积极的生活方式。

徒然叹息自己的地位、境遇、环境，受其折腾，这样的人生很不幸。用自己的挑战与努力一步两步地改善现状。能磨砺、发挥其智慧与力量也是宗教的使命。

日莲大圣人教导："譬如为人点火，明在我前。"

我相信，有喜悦与感动的人生绝不是别人赐予的，而在于哪怕再辛劳，忠于自己，自己也要有益于人，为社会，为未来创造价值。

要活得乐观

池田大作："乐是心之本体。"此话是明代思想家王阳明鼓励患病多烦恼的弟子的。

时有忧愁、痛苦、迷惘，但反省自身，无愧于良心，诚挚笃实，就必然有快乐。

可窥见他关怀弟子的心情，并且在教导，端正自己的心，此中有健康地生活的道路。

王蒙先生曾做过考察，心的健康在对于别人的善意、善良、明朗之中。抑制腐蚀心的嫉妒、憎恶、傲慢、鼠肚鸡肠等，理性地生活，这当中有健康。

克服自身内在的以自己为中心的阴暗冲动，加强关怀他人的善的作用，关系到健康的生活。

王蒙：孔子有言，"仁者寿"；老子说"无死地"。就是说，不要自己把自己逼进困境或绝地，关入病态的牢笼。

人常常会以己度人，自己气量狭小，就觉得到处是明枪暗箭。若造就一个善良的自己，就能哪里都发现善人良友。自己凶恶，所到之处就碰见敌人。自私自利的人最得意的是发现别人身上的自私。心健康的人对于天地、日月、亲友以及自己的上司、下属的印象多半是健康的、向前的。

那么，遇见坏人怎么办呢？首先是可怜他，其次是嘲笑他，然后应试试帮他脱离苦海。

仁者是善待他人。对他人好，就是对自己好，自己也能安心，起码不闹心、煎心。

《红楼梦》有的版本说是薛宝钗，有的版本说是林黛玉，有这样的诗句："焦首朝朝还暮暮，煎心日日复年年"，这未免太痛苦。

池田大作：《红楼梦》里年轻的林黛玉有才有貌又富贵，心却叹息不已。背井离乡，没有父母兄弟，孤零零一人，又动不动得病。虽然有被喻为"金兰之契"的朋友薛宝钗，但她也叹息不离心。

另一方面，林黛玉寄身的名门贾家陷入父子、夫妻、兄弟姐妹互相憎恶、你争我夺的悲惨而衰败。

虽然时代状况不同，但只要人被纠纷、憎恶、欲望等心的暗黑所束缚，就得不到真正的自由，不可能走确切的幸福之路。

孔子在《论语》中明确地说"修己以安人"。

《大学》的"皆以修身为本"，《老子》的"胜人者有力，自胜者强"，《近思录》的"立己"，鲁迅先生则强调"必须先改造了自己，再改造社会，改造世界"。可以说，凝视自己，驾驭自己，形成自己，在中国思想中常常被当作最大的课题。

这也是和佛法共鸣的主题。

天台大师智顗作为映照自己身影的明镜，基于法华经把十界（十界互具）的法理体系化，用《摩诃止观》等阐说，指明了生动的生命观：万人通一心，内在了十种生命境界（十界），经常显现哪一种。

概略地说说十界：

① "地狱界"：深受苦难、失去自由的最底层状态。

② "饿鬼界"：变成总不能满足的欲望奴隶被折腾的状态。

③ "畜生界"：迷失道理，被眼前利害摆布的愚蠢状态。

④ "修罗界"：总要胜过别人的慢心。嫉妒陷害优秀的人，轻蔑弱者。

⑤ "人界"：平静安稳的像人样的状态。

⑥ "天界"：欲求被满足时的喜悦。

⑦"声闻界"：闻教而得到一部分悟的境界。

⑧"缘觉界"：以各种事情为缘，用自己的力量获得一部分悟的境界。

⑨"菩萨界"：坚持求悟的不懈努力（求道）和为他人幸福的行动（利他）。

⑩"佛界"：觉知贯彻于宇宙与生命的根源之法，为救助他人而不断战斗，体现无限慈悲与智慧的生命。

特别重要的是指明谁都具备"佛"的尊极生命这一点。从"地狱""饿鬼""畜生""修罗"之类生命所束缚的日常生活变为唱诵佛法，使自身中佛界生命发光，天天为人们、为社会而行动，我们把它叫作"人间革命"。

王蒙：池田先生讲的《法华经》的十界之说非常明快，一般人也非常容易懂。此说使我们反省自身的精神状态，检视精神弱点，发挥自己所具有的最大力量，摆脱地狱、饿鬼、畜生的状态，达到缘觉、菩萨、佛界。有了这样的自觉，人生的苦难与愚蠢不就少了吗？

人的骄傲与可爱在于他的灵魂，他的内心，他的七情六欲。如今我们能知道，地球是唯一的生命家园。多么可贵啊！同时，我们的灵魂充满不安，心里有巨大的痛苦。七情六欲给自己与他人带来了很多的伤痛、愤懑、分裂以及疯狂。

我曾不止一次地面对亲友的精神疾患发作，那时我想到佛教的"悲"的概念。不止一处，我见过名为"大悲"的佛寺。

"大悲"，我认为是巨大的慈悲与同情。要从高的境界，从光明之处，注视芸芸众生的苦难，注视盲目的、该承担的事情完不成的烦恼，以慈悲与同情的心、大慈大悲的心救助受苦受难的众生。

人应该思索自己的"大悲"，体验人生的"大悲"，自己跨越烦恼，升华、打开、转换自己的心的境界。从大的慈悲与同情起步，就能得到更加健康无敌的精神境界吧。若借用佛教用语，就是人应该打开、创造自己的大光明境。

池田大作：您谈了重要之处。

王蒙先生认为慈悲之路上有健康之路，实在是卓见。

我听一位很熟识的名医说，平常坚持把为社区为人们的活动当作自身使命的人即使得重病住院，也在操心为人做点什么。自己最严重，却想要鼓励烦恼的友人。这种为慈悲的实践而生的人患病或临死也坚强。由此能窥见一个人给周围的人带来爽快的感动，并最后完成无悔的满足的人生的想象。

我也看见很多同样的可贵姿态。这种例子也属于王蒙先生所说的"更加健康无敌的精神境界"吧。

慈悲的实践就是菩萨道。

为人类的健康与和平奔走的"现代化学之父"鲍林博士也强调："若问我们必须做什么，我们应努力立足于人生命的'第九'（十界的第九个）即菩萨界的精神而行动。"

博士对我们为世界和平的努力深表共鸣。最后在旧金山会见时，92岁的博士鼓励了三个与疾病作斗争的人之后过来了。他本人一辈子为人、为和平坚持菩萨行动。

天台大师智顗的《摩诃止观》等书中举出四项一切菩萨应立下的誓愿。

第一，"众生无边誓愿度"，发誓跟所有的人共苦，予以救助。

第二，"烦恼无量誓愿断"，发誓斩断一切烦恼。

第三，"法门无尽誓愿知"，发誓学习了解佛的全部教导。拿现代来说，相当于决心学习所有的思想、学问、文化等人类的精神遗产。

第四，"无上佛道誓愿成"，发誓坚持佛道修行，达到最高的悟的境界。意思是在救助他人的实践中本身也提高境界。

在这里特别要说的是"斩断一切烦恼"的真意。

大乘佛教的精髓绝不是为使苦恼或欲望消除。因为这些是本然具有的，不可能消灭。

正如王蒙先生所洞察的，"人的欲望至少能升华为理性及智慧"，目标是欲望升华为追求真理的意欲，苦恼升华为救人的智慧。

天台大师智顗说"一切烦恼即是菩提"，日莲佛法道破"烧烦恼之薪，菩提之慧火现前"。这就是指向把贪、嗔、痴这些烦恼转变为为人们、为社会、为和平的伟大的烦恼，为构建自他共同幸福而发挥最大的智慧，付诸行动。显示其具体的实践途径的就是大乘佛教的极说中的极说。

王蒙：烦恼即菩提的说法非常好，伟大而崇高。我也在自己以往的生活中切实感受过。所有的不幸、苦难、痛苦都是提升精神的资源，变成一种修炼，使我向悟道、向正确的道路迈进。越经历人生的种种磨难，越得到更多的感动与启发。

在这个意义上，罗曼·罗兰也这样写道：

"正视苦难，祝福它！充满欢愉，充满苦难！两者是姊妹，都是神圣的。她们锻炼人世，使伟大的灵魂充实。她们是力量，是生命，是上帝。"

不爱快乐与苦难双方，他就快乐和苦难都不能享受。品味它们，才知道人生的价值，才明白告别今生时的幸福。

我本人生在这个世界上以来，不如意的事情有很多。

小时候父母的不和，国事家事的悲剧与混乱，成长环境也不如愿，少年得志却当头一棒，"戴帽"20多年。希望、困惑、等待，失去亲人的悲伤，各种难以理解的充满恶意的对待……把这些堆积起来，比山还要重。

然而，我一步一步地走过来了！

回想这一切，我没有怨恨。要是没有现在说的艰辛，就不能说活过。

也由于这些遭遇，我遇到很多的朋友、师长，知我、爱我、帮助我的人。我说自己是逢凶化吉，遇难呈祥，我有九条命，七种吉祥。

我其实是一个非常幸运的人。不光是遇上了许多好人好事、好机缘、好朋友，而且我心里有一朵莲花，永远开放。它就是爱，就是学习的乐趣，就是信赖与信心。

池田先生的人生不是也遇到很多困难吗？

池田大作：王蒙先生谈了宝贵的人生体验，一定会使很多人鼓起勇气。

回顾我青春时代，和同代人一样，想忘也忘不掉生在战争年代的事情。即使在如此黯淡严峻的时世中也有各种善的相遇。

战争期间患肺病，吐着血在工厂干活，医务室的妇人热心地给我看病，鼓励我："年轻轻的，加油！""绝对活下去！"（也曾这样鼓励我自己）战败后的荒废时期，由于缺少粮食，去近郊的千叶农家买东西，可怜我病弱的妇人把贵重的地瓜分给我很多。

我最大的幸福是遇见人生的师匠户田城圣先生，而且在战败后的混乱中支持、保护事业濒临困境的户田先生。

我从青春时代当作口号的箴言是"一个人站立时坚强的是真正的勇士"，"波浪越遇到障碍越顽强"。

苦难创造了师弟奋战的历史，苦难增强了师弟的纽带，一切都成为我的骄傲。

其实，户田先生本身也尊崇卓越的教育家牧口常三郎先生为师匠，共同坚持和平的信念，遭到横暴的军政府镇压，同样被捕坐牢。

牧口先生死在狱中，两周年忌辰时户田面对师匠的遗容说：

"您的慈悲广大无边，把我也带进了监狱。"

为正义、为和平追随受难是荣誉。这种终极的人之路、师弟之路令我从心里感动。

看看先人们，为崇高的理想而生，人生如高山之巅，自然风也大，但很多人活得很乐观。

经历了坎坷人生的王蒙先生也强调"乐观原则是健康的"。有一颗乐观的心，面对种种困难也能勇敢地活到底，发现人生的深深喜悦。

正面意义上的旺盛的乐观主义是健康生活的秘诀吧。

王蒙：上一章我们谈到了苏轼，他的一生也不平坦，但也有成功，是饶有趣味的人生。被流放惠州时，他享受荔枝的美味、和好友的交往。

消灭人的身体也许很容易，但消灭一个人的意志与好心情就难了。有大才，才能有大悟、大智大勇、慈悲与光明，这样的人才能有金刚不坏之身。

单纯乐观是不够的。很多喜剧演员总逗我们笑，但那并非就是正确的乐观生活方式。

关于这一点，一位中国的年轻作家说得好："有最深刻的悲观才能乐观。"

这是什么意思呢？按我的理解是不要一味地天真烂漫，认定能够上天堂，等待白马王子、圣贤英豪出现，对世界不抱有不切实际的幻想，这样才能坚持乐观。

乐观的兄弟是行动。不伴随行动的乐观是愚蠢，是迂阔。不伴随行动的悲观是孱弱，是狂乱。伴随行动的悲观是深邃的，是向上的开始。伴随行动的乐观是光，是自我拯救。有行动，理解悲观，才终将得到超越与完成，达到精神的高峰。

池田大作：要活得更好，具有主体性意志，付诸行动，对于这种人来说，面对不得不悲观一切的事态就会是一个机会，生命的伟大力量觉醒，获得伟大的真理之悟。

已经说过，我的恩师户田先生在战争期间因军部权力的镇压而坐牢。在严酷的监狱中，他天天唱诵《南无妙法莲华经》，反复读《法华经》，迫近真髓，也读日莲大圣人的遗文，不停地思索。

《法华经》开经的《无量义经》里有一处怎么也想不通，那是赞叹佛的部分。

"其身非有亦非无，非因非缘非自他，非方非圆非短长"等，有34个"非"，反复否定地赞叹，要表现的佛之"其身"到底是什么呢？

苦思冥想的结果，恩师在狱中终于觉知了"佛乃生命"。

尊极的佛不在别的世界，就在自己的生命里，在所有人的生命里。可以说，这时佛法作为生命尊严的宗教在现代复苏了。

恩师下定决心，毕其一生弘扬这个真实的佛法。一个人站在战败的废墟上，把复生与希望的光送进每个苦难民众的胸中。

由于佛法的信仰，人们搞自身的人性变革，战胜宿命，打开确实的幸福，进而度过为社会、为和平做贡献的人生。

恩师也是数学家，他说："科学注视外界向真理的世界迈进，同样，宗教向生命内部追求真理而发展。不明白这两个为人类的幸福而探求真理的潮流的根底，就不能理解科学与宗教的问题。"还说："真正的宗教并非与科学相反，必须做科学的实验证明。"

我认为，今后科学与宗教携手探明生命真相的时代会到来，其中符合现代的把精神与文化活性化的信仰将发展。

所谓信仰，也可说是终极的信念，是发挥自身内部存在的伟大力量的源头。无论有什么也要以旺盛的乐观主义积极地把握，拥有能向前活的"信念"取胜人生，这是很重要的吧。

要以一颗健康的心活下去，王蒙先生认为重要的条件是什么呢？

王蒙：第一是坚持理念。那也许是宗教、信仰，也许是道德、规则，或者也许是攀登哲学的山峰，也许是科学探索。

第二是心态，是胸怀，那也会是对一切灾变的应对能力。

第三是学习，感兴趣，思考，讨论，哪怕只是跟自己讨论。

第四是兴趣广泛。伟大的兴趣，例如在某个领域求道，艺术也可以。小小的兴趣，例如吃喝或者打牌。

第五有亲友。还要珍惜婚姻生活和家庭。如果没有家人，至少要有朋友。

池田大作：各自很宝贵。与身体的健康同时，如何按自己的方式积累这种精神充实的努力呢？总之不要忘记"活得像自己"。

我想起了近代日本的国民作家夏目漱石。

他从小在家里连连不走运，但青春时代，得到良友，发展了文学教养和实力。

虽然是这样，年轻的漱石不定心于自己走的路，还得了神经衰弱。在跟苦恼搏斗的过程中达到的不是被他人摆布的浮萍似的"他人本位"的生活方式，而是为"自我本位"而生，为自己活。

漱石殷殷鼓励青年要坚强起来，为获得幸福寻找活得像自己的路，勇敢地恶战苦斗，直到能够从心底叫喊："啊，这里有我应该走的路！终于发现了！"

恩师户田先生教导的也是"他这样就可以，在世上这样就是幸福，为他人活，为对境活是错误的"。强调的是"活自己的命""活自己"这一点。

不要跟人比较而自卑，不要羡慕别人而迷失自己。即使与人谐调，也要自己像自己那样地朗朗前进，这不是很重要的吗？

第十三回　生命尊严的时代

池田大作：我的恩师户田城圣先生经常说："人生取决于最后几年幸不幸福。此前的途中如同做梦，不管此前多么艰辛，如果最后幸福，那就是幸福的人生。"

不可能有不吃苦的人生建设。无论有什么都不屈服，活着要创造属于自己的人生价值。而且，怎样度过总结人生的老年期，在进入老龄社会的现代越来越重要。

王蒙：您刚才讲的户田先生的话深深打动我的心。那天正好是我 80 岁生日（2014 年 10 月 15 日）的前一天。听到户田的话，这是我的命运赠给我的最好的生日礼物。池田先生，谢谢！

我更有理由相信，我的人生是幸福的、幸运的。我必须感谢此生，感谢师友，感谢我的家国故乡，还必须感谢您与户田先生。

池田大作：我才要衷心地感谢能够和王蒙先生交谈，学习。

王蒙先生在《我的人生哲学》中写道："老年是人生最美好的时候。"

老年有克服很多苦恼、长久活过来赢得的经验和智慧，有将其有价值地利用就能为人们和社会作贡献的优点。

日本愈发成为老龄社会，中国也有老龄化倾向，老年人在社会各个领域的景象也扩大。

您怎么看老年人对社区、对青年应该发挥的作用呢？

王蒙：老龄只不过是上了岁数。就我自身来说，明年我也许衰老，但今年还充满能量。只要有能量，就能在力所能及的范围内，做些有益于邻居、家乡、众人之事。

中国和日本有敬老的传统，我现在还不至于嗟叹被当作老朽。

如果明年终于年老力衰，对大家没有用了，那也是一种境界，可以笑眯眯、乐呵呵、渐渐地淡出，那也是人生最高的成就。

老年人愿意留下自己的经验，得到年轻人尊重，是可以理解的，但也不能强加于人。因为每一代都有自己的环境和关注，与上一代有所不同。

许多年以前我注意到，经验可以谈，也可以听，也可供参考，却不能复制。老年人应该相信年轻人。他们有自己的麻烦，自己的做法，有自己的责任和能力。

老人应该尽到自己的责任，却无法分担或减轻青年一代的责任。

池田大作：确实，人生有各个世代的使命与责任。同时，再没有比觉得自己在社会上无用，或者找不到活的目的、使命更痛苦寂寞的了。可以说，正因为是现代这样的社会，才需要去掉老年人和中年、青年一代之间的隔阂，进行心心相印的交流。

老年人接触青年的气息，自己的心也变得年轻。对于青年来说，前辈跨越苦难风雪的人生经验和智慧必定会成为巨大的鼓励。

日本也越来越有人指出加深这种老年人和青年的交流，互相触发之重要。

尤其是紧要关头互相扶助的精神等，继承这种活在庶民中间的良好风气是使社会更向上的基础。

王蒙：1998 年我在访问挪威的时候与一位女出版人谈过生命问题。她说，人类的生存好像一棵树，每个人是树上的一叶、一花、一果，迟早都散落到地上消失。但具有生命的那棵树本身继续生存、成长。她的比喻给我留下了非常深刻的印象。

那生命之树的继承与继续不就可以说是包括了文化传承的含义吗？青年人要是尊重人类已有的经验及其积累，那当然就变成对老人的敬意与照拂。《论语》有"慎终追远，民德归厚矣"，原意是祭祀祖先诚心诚意，但"慎终追远"四个字是一种具有普遍意义的美德，它表现了对时间的扩展与延伸的责任感。思念祖先，则驰思子孙万代。这是追思事物之源，也考虑未来的结果的度量与责任感。

池田大作：向过去学习，思考未来，活在今天，这将使人生更可靠。

王蒙先生总是在思考"事物的根源",这和法国哲学家柏格森的究问也相通。

"我们人从哪来呢?我们人是什么呢?我们人往哪里去呢?这些问题就是根本问题。"

柏格森的哲学我在年轻时也烙印在心里。

这种究问,谁都会面临吧。

关于"事物的根源",我还想起的是唐代画家张璪说的艺术原理"外师造化,中得心源"。这里教示的是,为了伟大的价值创造,应该从自身以外的现象学习,同时磨砺、净化自身之内的心,开启创造力的源泉。

不要忘记,文化的继承也不只是理论方面或外形方面,精神方面的继承、化为血肉也很重要。

王蒙先生在《我的人生哲学》中还说:"人老了,应该成为一个哲学家。"

随着年老,不能不或多或少面对体力衰弱或疾病,与早晚必来的死相对。

我想起释尊出家的逸话"四门游观"——释尊是王子时,出王城东门遇见"老人",出南门遇见"病人",出西门遇见"死人"。觉悟人活着,"老病死"的苦恼不可避免。出北门遇见出家的圣人,决意出家。

克服人的根本苦恼生老病死是佛法的出发点。这是谁都要经历的苦恼,所以谁都会是注视自身的生老病死,探求真正的人生幸福的哲学家、宗教家。探求深刻的时期尤其是老年。

《法华经·见宝塔品》里，用金、银、珍珠等七宝装饰的、大如地球的宝塔出现在大地上。

门下问宝塔的意义，日莲大圣人回答：那就是人本身的生命。即"持法华经之男女，身外无宝塔"，明示生命的无限尊严性。又说："以生老病死四相庄严我等一身之宝塔。"遵循永远常住之法时，连生老病死也灿然辉耀自身的生命宝塔，使之庄严。这是佛法的真髓，信仰的目的。

我青年时代拜读日莲大圣人这句御文，被佛法的深邃法理大为打动。现在，经过长时期的信仰实践，以及看见很多跨越考验与宿命的人所走的尊贵人生轨迹及总结人生的体验，深深理解了正是如此，确信不疑。

王蒙：我有一个观点，未必能讲清楚，那就是宗教与无神论并不是势不两立的。

神学的意义在于终极关怀。宗教的终极是佛，是主，是佛的世界、神的世界。无神论者的终极是"无"，老子说"万物生于有，有生于无"。无是信仰，无对于无神论者是最高、最大，而且最遥远、最古老、最年轻。无还是本源，是归结，是起点是终点。万事万物的根源是无，那么，无神就是终极的"无"，无神成了神性洋溢的终极。而且"无"作为"无"的结果当然是"有"，所以"无"是无神论者的皈依，也就是无神论者的"无神之神"——富有神性的"无"——"神"的概念。中国老子的哲学叫作"有无相生"，银河系、太阳系、宇宙，原来是无，后来成了有，有还要成为无，无还要成为有，恩格斯也是这样说的。

这也是《波罗蜜多心经》"色不异空，空不异色，色即是空，空即是色，受想行识，亦复如是"的理解的延伸之一个方面。

这还是质量守恒定律与能量守恒定律的联想。守恒并不是没有成住坏空，而是认识到坏与空同样可以向着成与住变化发展，承认有会灭亡成无，而无中必然生有。

在这个意义上，乐观与悲观的差别也可以超越，生与死的观念也可能进入新境地。

死是生的完成，灭是发展的结果。死是生的极致，死是向生的死。如果说人的悲哀在于"向死而生"，我们不就同样可以相信并期待吗？死是走向生的死。

不然的话，这大千世界从哪里来的呢？你和我，以及他、她们，还有万物，从哪里来的呢？假如太阳已进入中年，假如再有几十亿年太阳系将毁灭，那么我们不是可以相信毁灭之后再生吗？毁灭是再生的开始。

死如果不存在，就不会感觉生，需要生，体验生。宗教、哲学、文学、艺术、医学、科学，什么都不存在。

我们当然惜生爱生，同时死能够使邪恶的人们安定，平静地面对寂寞。我们面对生命的全过程只有拈花微笑（不说话，以心传心）。

池田大作：自古中国思想真挚地面对生与死，反复考察。

譬如《庄子》告诉我们，生与死连续，把生与死分开，讨厌死，是不正确的。"善夭善老，善始善终"，"生也死之徒，死也生之始"。这里指向超越生死的永远性。

凝视人死这一根本条件而考察生，关系到人性、精神性的复苏。

近代文明被称作"忘记死的文明"，科学技术发展而医疗进步，另一方面，有一种死本身可恶而掉头不顾之感。而且，在科学文明进步的 20 世纪，人类产生了前所未有的大量死亡、虐杀，这也是重大的历史教训。

法国思想家蒙田反复考察了死的意义。有点长，但想在此引用一下。

"死以外的一切事情都能有假面。""但是，死和我们之间上演的最后的戏剧已经没什么装饰。""所以，我们一生的其他一切行为必须以这个最后的行为为试金石来检验。这是最重要的日子，是审判其他一切日子的日子。"

"判断他人的一生时，我常常看他最后怎么样。我毕生努力的主要目的也是最后能善终，那就是平和而安静。"

说永远生命的佛法也明确教导，活着时的行动将是决定死以及死后的状态。

世界著名的心脏外科医生、欧洲科学与艺术学院翁格尔院长说过：可以说，满怀自信地走过充实人生的人以良好的生命状态死去。

在死亡面前，什么样的当权者、富豪都一律平等。只将评价你是怎么活下来的。总之，能否跨越人生的苦难，为人、为社会尽力，充满出自心底的感谢与幸福。而且要以朝气蓬勃的心来总结充实的人生，我认为这比什么都重要。

王蒙：一位媒体人问我，您是否有记忆力减退、文思枯竭、体力下降的老年人的悲哀呢？我的回答是，现在还没有，明年可能有吧。

2013 年我写过一篇小说，题目是"明年我将衰老"。

生老病死是苦恼，也是契机，是得到的恩赐，又是思索与觉悟的机会。活得不那么短促，就可能多多回味与概括，无限地接近人生的真谛与真味。

有生就有死，有青春就有老迈，有健康就有疾病。有死所以有生，生生不已。"大德曰生"。因为有衰老，所以才涌起对青春的回忆与珍惜的心情。那还触及生命的漫漫路程，也是赞美。患病就会想健康的日子和健康的人们，感到对健康过的感谢与满足，得到更全面、更丰富的生命体验。

中国话把"死"也叫"大限"。有终于大限，亦即无限，乃归于零，归于空，也就是色即是空的体验。又得到零与无穷相结合的信念，还有空即色的信念。

还得到陶渊明的诗句"托体同山阿"的豁达大度。

生命易逝，即视为悲哀流不尽眼泪。那种悲也将关系到觉悟，得以升华，化为审美力、思想的智慧大放光明。

我喜欢佛法说的"大悲"这个词。辽宁省海城市和四川省南充市有大悲寺。这个名字令我感动。同样，北京的古老地名有叫"大光明境"的胡同，这也是非常好的名称。

大悲与无悲。大悲的另一面、另一端就是佛法常说的欢喜。有了欢喜心与大悲心就是佛心了吧？大悲是一种视角，是悲的无穷化。人死了才无穷。无穷，人就成为零。零与无穷相结合，那就是全，又不是全。那是道，是佛，是永劫，是悟，还是泪，泪干又是笑，笑也会消失，得大欢喜。

关心自己的健康，希望长寿，遵循健康的生活方式，同时，需要有某种程度的准备，准备安稳地去旅行。完成生命的全过程，走上新的期待与可能的道路。

池田大作：人有各种各样的人生，有千差万别的生老病死的情形。看看周围，有人因疾病或事故等夭折，有人虽长寿但总是疾病缠身，有人衰老而安详地死去。一生是充实的，即完成了自己的使命，感受到确实的幸福，还是被苦恼与烦闷纠缠着结束，人必须深思人生的过去。

日莲大圣人一语道破："见生死而厌离是云迷"，"知见本有之生死是云悟"。所谓"本有之生死"是说生、死都本然具备于永远的生命中。

因此，在变化接着变化的诸行无常的现实社会，具有坚定的生死观而生，或者说确立不动的自身，构筑牢固的幸福境界，我们为此天天坚持信仰实践。

我从青春时代就喜爱的诗人惠特曼曾高歌：

"喜悦，（想着高兴到灵魂深处，我呐喊）我们的生结束，我们的生开始。"

"要歌唱，以充满欢喜、鼓涨活力的全体为目标，以'死'的意义为目标，与生一样再接受'死'，人欢欢喜喜进入'死'。"

像以前说过的那样，彻底凝视生命的诗人和作家的志向与佛法说的"生也欢喜""死也欢喜"的生死观相通。

鼓舞人们提升到超越生死的欢喜境界，是文学与宗教的深刻的存在意义，是使命。

生命尊严具有无上的价值

池田大作：关于人生的价值，王蒙先生也这么说：

"人生一世，总有个追求，有个盼望，有个让自己珍视，让自己向往，让自己护卫，愿意为之活一遭，乃至愿意为之献身的东西，这就是价值了。"

把什么当作至高无上的价值，具有什么样的价值观，人的生活方式或人生的方向因之而大不相同。

在此我想再次提起"生命价值"这个主题。

和英国历史学家汤因比博士对谈的最后一章里，我说过："把最高价值置于生命尊严，这必须作为普遍的价值基准。""生命是尊严的，不可能有在它之上的价值。"

博士回应："正如您所言，生命的尊严才是普遍的、绝对的基准。"我们的看法完全一致。

博士和我对德国哲学家康德的话共鸣：

"有价格的东西都能被其他什么等价物置换，但与之相反，一切超越价格的东西，即无价的东西，所以又绝不容许等价物的东西，具有尊严。"

　　就是说，"生命的价值"就是不能换算成价格的、其他任何东西都不能替代的尊严。

　　尊重多样的价值观，同时其基础上不能没有"生命尊严"这一绝对的价值。

　　说生命绝对尊严的法华经在万人生命中看出佛性。日莲大圣人说明此重要法门，认为生命的价值比宇宙的一切财宝更可贵。

　　王蒙先生认为应该如何在现代社会中扩大生命的价值呢？

　　王蒙：池田先生讲得非常好。

　　中华传统文化同样尊重生命的尊严。"大德曰生"，"生生不息"，这些都见于《周易》。"好生之德，洽于民心"，出自《尚书》。

　　孔子重视祭祀，重视丧事，这也当然是对于生命尊严的强调。"死生亦大矣，岂不痛哉"，这是王羲之在《兰亭集》中引用的古训，中国从遥远古昔就这么说。

　　生命尊严的问题并非不过是一个观念，牵扯到很多具体事项，例如安乐死的问题，是疾病对生命尊严的严峻挑战。这些该怎么办？饥饿与贫困也剥夺生命的尊严。与饥饿、贫困的斗争到达解决的目标还需要遥远的路程。还有人本身发展的课题，接受教育、享受文化果实的权利。我们总称为"人权"，这也是生命尊严不可或缺的。

　　为了生命的尊严，我们还有很多该做的事情，再苦也要继续战斗。必须有为了生命尊严该入地狱就入地狱的气概。

池田大作：您的话令我感动。必须使 21 世纪成为"生命的世纪""生命尊严的时代"。医学、文学、教育、宗教为此必须齐心合力。

政治、经济、科学本来目的应在于此。把生命当作手段，当作牺牲，是本末倒置。

为起草《世界人权宣言》作出贡献的巴西文学院阿塔伊德总裁对我说过：

"人的内心若没有看圣物的视点，人的尊严这种思想就不能生根。从这一意义，我对佛法的观点极有共鸣。"

我相信，指明谁都有尊极的佛生命的佛法思想必然有助于世界人权的确立，而且在现实上用以开启人内在的智慧、力量与可能性。

关于人的赋权

池田大作："人"本身，"生命"本身就是今后时代的焦点。

联合国开发计划署（UNDP）的报告书不只是收入，而且公布了综合测算各国丰富度的"人类发展指数"。

"人类发展报告"的指针是"人是国家之宝"这句话。

而且，"人类发展"的核心不就是"赋权"吗？

人以及人所拥有的力量就是国宝，这种观点让人想起《史记》的故事——魏惠王把照很远的径寸之珠当作国宝，而齐威王把守护国家、支撑国家的优秀人才当作国宝。

　　基于这个故事，日本佛教家传教大师最澄认为："国宝为何物？宝乃道心。有道心之人，名为国宝。"进而举出中国古人的格言"口能行之，身能言之，国宝也"。这是唐代佛教家妙乐大师也注目的话。

　　中国和日本的传统文化中具有人文主义的思想潮流，把人的崇高生活方式或人所具有的伟大力量当作国家和社会的最大宝贝。

　　身边的社区、社会也好，组织、团体也好，国家、世界也好，永续的繁荣即在于人本身的力量开发。

　　我对谈过的罗马俱乐部创始人佩切伊博士说："人，每一个人身上都蕴藏着丰富的理解力、想象力和独创力，而且还丰富地具备尚未被发挥，甚至为别顾及的道德资质。"

　　这里启示了 21 世纪人类应行进的道路。人相信自己，引出自己的力量，加以发挥，为此而需要什么呢？这一点，应该让文学起到什么样的作用，也请您谈一谈。

　　王蒙：人的能力需要培养、开发，同时也需要平台。中国是人口大国，由于人口多，人们获得自己所需要的平台更为困难。

　　发展与开放大大有利于人的能力发挥。中国有个说法："科教兴国，人才强国。"还记起以前说的"尊重知识，尊重人才"，对这类号召应抱有希望。

　　另一方面，发挥每个人的能力会推动全体的发展与尊严的实现。

　　我最感动的是人心中确实有的善良与爱心，关怀与同情。中国话里有"恻隐之心""不忍人之心"的观点，其实践需要宗教与文学的启发。

　　例如雨果的《悲惨世界》中米里哀神父对于冉阿让的善待，无人不为之感动。冉阿让偷了神父的东西，结果神父还保护他。我上小学时读的，太震动了。世界上还有这么好的人呀！如果世界多几个好人，那坏事也就没了。我真是吃惊，这样的好人世界上有吗？

　　《论语》不是宗教的经典，但孔子的地位是准宗教的"圣人"，他总是相信人的善性，而且把对父母的孝行和爱护兄弟姊妹的心升华为忠、恕、仁、德的思想，也令人感动。

　　文学注意探讨与表现善性的可能性。在这个意义上，我认为台湾证严法师的慈善活动也非常好。

　　文学对人所具有的恶的可能性也倾注全力。同样在《悲惨世界》里，警探沙威在恪尽职守的外衣下穷凶极恶也令人难忘。陀思妥耶夫斯基的作品中出现的那种绞肉机式的人际关系也富有教训。中国文学中，把善恶、悲喜、正邪表现到极致的是《红楼梦》。

　　现在，表现恶毒、残虐的文学形成一个潮流。我也不怕写恶，但不单是陈列夸大地表现恶，而是要为人、为人类探求出路。回到善与爱，回到同情与恻隐、尊严与幸福。我们应该敢于面对恶，进而跨越恶，唤起善。

　　池田大作：完全同意。

　　作为人的赋权的重要支柱，今后尤其应该更促进女性的赋权。

　　法华经是堪为女性赋权之先驱的思想。

已经谈过了一点，法华经以前，各种思想或佛教经典也是对女性歧视不断。

但是，《法华经·提婆达多品第十二》说龙女成佛，指明所有女性达至幸福境界的道路。法华经是显示男女都成佛的平等的教法，其中有堪称女性人权宣言的思想。

日本平安时代紫式部《源氏物语》等女流文学兴隆，其中浓重地反映了法华经思想、佛教思想。

譬如，与紫式部并称的清少纳言在《枕草子》里写道："（宝贵的）经典里，《法华经》那是不用说的了。"而且，花与实同时具备，写到不染淤泥地开花的"莲"包含在《妙法莲华经》中，赞叹："莲比其他任何草木都更美。"可见，清少纳言的丰富感性也受到法华经熏陶。

翻阅同时代女歌人赤染卫门的和歌等也反映了佛教思想，如法华经所说的"不轻"，即绝不轻视有佛性的生命的生活方式，被认为这位歌人所作的《荣花物语》也表现了"佛""净土"都在人心中的佛教思想。

这样，很多女性也受法华经思想、佛教思想启发，汲取智慧，创造文学。

基于法华经的哲理，日莲大圣人鼓励女弟子："持此经之女人胜于一切女人，甚至胜于一切男子。"

这是教导，凭法华经信仰，女性发挥刚强而清纯的生命之力，把浊世变成更好的社会的使命。

德国文豪歌德在《浮士德》的结尾处讴歌"永远的女性／把我

们引向高处"。

回顾以往的历史，何其多的女性被戕害，生命的战争或暴力虐待啊。今后必须构筑使属于女性的美好特质的抚育生命的爱情、企求和平的心、对他人的关怀以及开朗等充分发挥的社会。

那也可说是女性幸福起来、大显身手的"女性世纪"。

我们以法华经的生命尊严哲学为根干的和平、文化、教育运动在世界各地生气勃勃发挥领导作用的也是女性。

王蒙：中国大陆也说惯了男女平等，那是一种妇女半边天的观点。

虽说男女平等，但不是说男性和女性应该完全一样。军队和警察里女性也有，但毕竟男性多。男性有男性的特征，女性有女性的特征。所以池田先生说的十分重要，特别令我感动。

毕竟男权社会有着太长的历史与覆盖面，现在，仍然有明显地歧视女性的地方，至于心目中的歧视女性的想法说法更是无处不有。看看一个人物一个VIP对女性的态度，包括一个写作人或者一个社会活动家对女性的态度，我觉得就看到了他的内心、他的灵魂。歧视女性，这就是腐朽、自私、龌龊、低级趣味的表现。

池田大作：全球化，在所有层面人员来往都很活跃，女性所具有的联结人、圆满推进人际关系的交流能力令人瞩目。

在这一点上，我想起了经常交谈的作家有吉佐和子先生，她开朗、和蔼可亲、勇敢的性格给人留下深刻印象，是一位在日中友好的黎明时代也和周恩来总理等中国领导人交流的女性。

有吉有一部小说以 17 世纪的出云阿国为主人公，这个女性传说是歌舞伎的创始人。

小说里高声宣扬音乐舞蹈在人的心里唤醒的快乐与喜悦。

另一方面，描述勤勤恳恳的农业劳动，即播种、育苗、收获果实以支撑人命的可贵。而且，发现农业劳动的动作节奏和歌唱的民谣中有精彩的音乐舞蹈。

在农村、渔村，在城市，女性扎根在当地活动，支撑大家。照亮这样的女性背后的辛苦，赞颂其伟大，我认为也是文学艺术的温馨目光。

可以说，女性是生命的守护人、文化的创造者。

完成了日本俳谐文学的是江户时代，那个时代产生了很多女俳人，留下了优秀作品。也有不少女俳人年轻时死去丈夫，日常辛辛苦苦，把自己的心情寄托于俳句，使之升华。其一是加贺千代女，她吟咏：

"什么是财宝 / 今日灿烂生命啊 / 樱花初绽开。"

可见对越过严冬终于开花的樱花生命的深深共鸣。

只有养育生命的女性才具有的敏锐感性若得到发挥，生命文化、和平文化不就更扎根于社会吗？

王蒙：太好了。有吉佐和子是我最喜爱的日本女作家之一。这也是缘分啊，您在这里提到了有吉佐和子！

第十四回　和平友好的新果实

池田大作：没有一个人能自己一个人活。同时可以说，被人际关系烦恼、左右是人生之常。有明确的目的地活，认真建立好的人际关系是人生幸福的条件。

王蒙先生在《我的人生哲学》中写道："我们的文化传统特别注重人与人的关系。"

确实，与所谓个人主义不同，自古中国有很多在人与人的互相关联中追求更好生活方式的道德规范。

王蒙：我从经验学来的是，要做一个善良的人、勤勉的人，靠自己的努力，事事要求自己做到最好，而不是老盯着旁人。这样，用不着费心思去搞好人际关系，自然就会有较好的人际关系。

池田大作：就是说，自己努力活得好，就能建构互相向上的关系性，对吧？正因为是越过了人生的逆境，留下了伟大的文学作品的王蒙先生说的，我觉得格外有分量。

这里，我想谈谈王蒙先生的名作《蝴蝶》，在思考人际关系上富有启迪。

《蝴蝶》的主人公是北京市领导张思远吧。他在"文化大革命"中失去地位，被强制到山村生活。

当初主人公害怕下台，他的形象是"位置，位置，位置好像比人还重要"。

失去了领导职务时，主人公才发觉，大家的尊敬不是对于张思远这个人，失去了位置就失去全部人际关系。

后来主人公在山村作为赤条条的"白丁"，没有官衔，没有权，没有美名或者恶名，为人们做贡献。人们深深信任作为人的主人公，因为他正派，有觉悟，有品德，也不笨，挺聪明也挺能关心和帮助人。

无论处于什么样的境遇，不，即使没有地位、财产等，在拼命活着的平民百姓当中，就能建构心心相连的"人的纽带"。

主人公终于重新回到首都的行政要职后，再次来到山村，向在那里为农民治病的女医生秋文求婚，希望她和自己一起来，支持他。

秋文回答：

"官儿大的人总觉得自己比别人重要。"

"您连一秒钟也没有想到，您可以离开北京，离开您的官职，到我身边来，做我的参谋，我的后台，我的友人。"

这里一位自立的女性形象在闪光。

而且教给主人公一个巨大的转变：克服自己身上盘踞的"一种无法排除的优越感"，站到对方的角度思考。

王蒙先生在《我的人生哲学》里也洞察"人际关系永远是双向的"，助人者人恒助之，害人者人恒害之。

人际关系由互相的关系性建立，不是以自己为中心一条路跑下去就行了。必须看到这个严峻的现实。

重视对方的尊严就会使自己的尊严闪光。严于律己，包容他人，做出奉献，将丰富自己的人生。

我心里铭刻托尔斯泰的话，意味深长：

"出生于世时你哭了，但周围的人都很高兴。告别人世时大家哭，只有你露出微笑。"

对他人做出烙印在他心中难忘的贡献的人生，最后会被人惋惜，感谢。这里有生前人际关系的集大成。

王蒙：人际关系有多种方式。密友、盟友、结拜兄弟，如三国时期的刘、关、张。但我不觉得那样的关系有多么好。

而且我想到了先人的说法，君子"卓尔不群"，"朋而不党"。

伯牙摔琴谢知音（见《列子》）也稍稍矫情了一些。一个琴师的琴，普天之下只有一个知音，与其说是人际关系问题不如说是音乐创作问题。当然，如果只看作不无夸张的文学传奇，这个故事还是催人泪下的。

相反，我觉得人际关系需要提倡的是正常的交流。是吾爱吾师，吾更爱真理，是诤友，是和而不同，是互相保持独立，同时正常地互助、交流。

　　当然，人际关系中最恶劣的是互相利用，互相抬举吹捧，或者互相猜忌，互相陷害。

　　这里需要孔子提倡的君子之道："周而不比"，"人不知而不愠"，"不患人之不己知，患不知人也"。

　　君子靠的是自己的品德与风度，自己的温良恭俭让，自己的学问与智慧。"君子求诸己，小人求诸人"，"君子上达，小人下达"。

　　最要命、最不堪的是一些投机取巧的"小人"，虽然不学无术，但是偏偏会投靠某个有一定专长的人，制造矛盾，挑拨是非，充当打手，然后也捞上点残羹剩饭。

　　"君子"宁可自己吃点亏，绝对不卷入宗派斗争中去。

池田大作：利己的算计或攸关得失的人际关系以及只是被社会立场或义务所规定的人际关系不会长久，不可靠。出于彼此的真心流露的人际关系才纯粹，随着时间越来越牢固。

　　法国思想家卢梭抵抗社会秩序把同样的人分等级加以歧视的现状，诉求永远自然表露的共鸣、友情、诚实、人类之爱。

　　还记得和恩师户田先生谈论卢梭的教育小说《爱弥儿》，书中有这样一段话：

　　"人啊，要有人性。这是你们的第一个义务。对于所有阶级的人，对于所有年龄的人，对于和人并非无关的万物，都要有人性。没有人类之爱，你们还会有什么样的智慧吗？"

　　时代、社会不同，但对于现代人也很有启示。现代的人生活也离不开什么社会、组织。或许"人啊，要有人性"这句话反倒是如今人们才应该留意。

"共鸣""友情""感谢""诚实"把平常的人际关系加深为更像人的信赖纽带。有良友是其人心丰富的证明，是幸福的支柱。

在王蒙先生的《蝴蝶》中，主人公疼爱年幼的儿子，读来真让人欣慰。

但随着那个孩子成长，表现出对父亲的强烈反抗。

父辈是社会建设的先导者，下一代是继承者，反抗这种定规，自己就是自己，也要成为先导者，构筑新的社会。

这也是世代之间的继承与各自世代的独自性问题。

王蒙：我有三个孩子。我尊重他们，帮助他们，同时尊重他们自己的选择。把我的一切看法告诉他们，都只是供他们参考，他们理应对自己负责。

一代有一代的环境和思路，想让另一代复制自己那一代，必然以失败告终。同时，世代之间又具有继承与同一性。

但是，我也不喜欢过分地强调代际差别，把人分成"70后""80后""90后"等等。真理是不会过时的，艺术是不会过时的，佛法是不会过时的，《诗经》上的诗歌到现在仍然生动。时间永远是最可靠的审判员，一种拙劣，一种愚蠢，一种狂热歇斯底里，可以闹腾10年，但是存活不到11年，可以闹腾20年，但是存活不到21年。越浅薄，才越是没有超越代际因素的自信与判断力。

中国从 19 世纪中叶到现在，经常处于剧烈动荡与迅速变化之中，代代的变迁也相当显著。当今我们指望社会安定地发展变化，世代之间的距离变小。世间诸事最终是与时俱进，这也是历久不变的一面。

池田大作：完全明白您说的意思。

文化有随时间被改革而发展的创造性，因为文化的生命也在向活在今天的人和社会扩大共鸣之中；另一方面，文化具有应该被继承的核心，不因时而变。

我联想到周恩来总理说的："新旧共存，新脱胎于旧。"这是他在历史性美中和解的准备谈判中对我也熟识的美国原国务卿基辛格博士说的话。当时，自由主义与社会主义意识形态不同的国家建交震惊世界。

基辛格博士和我对谈也涉及美中谈判。

博士谈到对周总理的印象："谈哲学，回想过去，或者做历史分析也好，完全没有不拿手的。""简直像此外就没有合理的方法一样，涉及美中新关系的真髓。"

看看今天中国的大发展，我也再次感到美中和解这件事是大大改变时代、使之前进的伟业。

总之，不是对传统文化加以破坏，而是要继承，要发展、改革。

传统文化与新的文化的不同可能很多时候被比喻为最亲近的父与子的对立关系。屠格涅夫的小说《父与子》也描写了这种世代之间的纠葛。

孩子绝不是父母的所有物。如王蒙先生所言，把孩子作为一个人格来尊重，帮助他成长，这样做很重要。我接触来自未来的使者——男女少年时也这么注意。

说一点我父亲的事。他长年在东京湾以养殖、制造紫菜为业，左邻右舍说他"老顽固"。老实厚道，所以顽固，父亲人品很好。

我少年时代在家附近捕蜻蜓，曾掉进旁边的池塘里，拼命挣扎，父亲听见伙伴呼救跑过来，用粗壮的手臂像起重机一样一下子把我捞起来。父亲的有力，而且慈爱，我至今不忘。

遭到猛烈的台风袭击，家里的窗玻璃破碎时，父亲喊"不用担心！""别怕！"那毅然的声音和保护家庭的姿态，我记忆犹新。

无论社会地位怎样，无论想法有何不同，父亲就是父亲，儿子就是儿子，那里必然有作为父子、作为人互相沟通的东西。

一家和睦是幸福的基础。形态因时代或国家而有所不同，这是社会安定与和谐、发展必不可少的。

王蒙：新旧共存是世界的常态，历史的常态。同时新与旧并不是价值所在。例如我们绝对无法说出今天的诗人哪个比李白与杜甫写得更好。北京修起了许多大楼，这是好事，如今的北京人口比起70年前，增加了十余倍，用传统的四合院来容纳两千多万人口，是不可思议的。当然，我也想起20世纪五六十年代梁思成、侯仁之教授为保护北京历史古城面貌所作出的感天动地的努力，不能不为例如北京城墙的被毁而感到遗憾。同时，我们又会感到庆幸，即使在"文革"的非正常思维非理性主导年代，仍然有务实的战略，有合情合理的调整，有惊人的改弦更张的魄力，例如与美国的建交，同时重视与日本的关系的正面发展前途。

池田大作：王蒙先生指出："中华文化极其重视'和'的思想，对于今天构建和谐社会的任务有重大意义。"

而且列举了《国语》的"慈和""和协辑睦"以及《礼记》的"致中和"等古代关于"和"的很多智慧。

在工作方面，现代也是进一步分工、个人完成一切不如由团队留下创造性业绩的时代。

现代又是严酷的竞争社会。怎样使人们和谐，建构共生的社会，已成为一大课题。

王蒙：竞争挑战人，激励人，激励进步与精益求精。和谐则通过妥协与谦让来维护各自的尊严与利益。二者都不可少，不能只保留一个方面。相反相成，不是冤家不聚头，不打不成交，这是长久以来的人类经验与中国经验。

今天多强调一下和谐，这也很好理解吧。科技的发展使世界变小，竞争加剧，如果再不说说和谐，人类也有可能毁灭在一味的竞争里。

池田大作：全球化社会，竞争也扩展到全球。但是在经济至上主义的风潮中，竞争的胜利建筑在他人的牺牲或自然的破坏之上，那反而很可能是人类社会走向失败。

互相关联性在现代格外扩大。放长眼光来看，不可能有唯独自己或本国的幸福或发展，也不会有唯独他人或别国的不幸或衰亡。

正因为如此，不要忘记自律与宽容，自己活，也让别人活，注意共存共荣，结果也带来自身的长久繁荣。

把古代《礼记》中的"大同世界"作为理想的孙中山说过：

"人类则以互助为原则。社会国家者，互助之体也；道德仁义者，互助之用也。人类顺此原则则昌，不顺此原则则亡。"

由此也能看出今天所指向的"共赢社会"的必然性。中国近年强调"和谐社会"，从身边的家庭、社区扩大到社会，为"相互扶助"，您认为哪一点重要呢？

王蒙：中国近百余年来，内外矛盾纠结十分严重，不但缺少"和"，也缺少起码的正常生活、太平与秩序。近十余年，社会上奏响了"和"的赞美诗，这是一件大事情。

在激烈的阶级、民族斗争中，人们往往只认两分法。黑与白，敌与友，善与恶，强与弱，只有这两种选择。"和"不成立。

与此相对，"和"承认二者之间存在的多种中间状态，同意不同的东西互相转化，相信仇敌变为朋友，黑夜也有曙光出现的可能性。考虑善也有不足之处，恶也可能未完全泯灭良心。考虑强者越强越应该有所约束自己，好自为之；弱者越弱越要维护好自己的尊严。

"和"离不开妥协。没有起码的妥协，即使相爱的恋人们也未必能好好地相处几小时。恋人、朋友、夫妻，你想吃这道菜，对方想吃那道菜；你想去钓鱼，对方想去购物，这种时候不能毫不妥协吧。

"和"是文明，也是普世价值。今天提出"和"，这是大好事。

也许更重要的，和谐是跟自己妥协，与自身和谐，是内心的和谐。"和"是一种药。当你不能一帆风顺的时候，当你得不到你以为你应该获得的一切时，你只好跟自己和解。

池田大作：竞争有促进创造的一面，人本来不就是寻求和谐的存在吗？

欧洲科学与艺术学院的翁格尔院长洞察："人与精神""人与人""人与自然"的三角形和谐，人的存在才安定。

人也好，自然也好，万物互相关联，互相作用，形成现象世界。

知道社会、自然、宇宙和自身的关系，而且深深自觉生命的尊严性，发现无法替代的自身的存在意识，即自己是什么，为什么而生，这里就有宗教性。

翁格尔院长强调："宗教带来的'自我价值再确认'将成为今后千年共生的基础。"

进而对旨在实现"心的和平""社会、人类的和平""自然、生态系统的和平"的佛教思想共鸣。

王蒙先生说，2008年发生"四川大地震"（汶川大地震）之际，大大发挥了中国传统文化力量。

这种力量第一是"抗逆能力与抗逆风格",第二是"凝聚力",第三是"仁爱之心"。

日本2011年也发生"东日本大震灾",遭受莫大损失。今年(2016)4月又发生"熊本地震"。很多我认识的友人遭灾,他们挺身而起,"绝不损坏心财","决不屈服",拼命为社区的复兴尽力,互相鼓励着前进。

中国等世界各国给予种种鼓励、支援,使我们获得巨大力量。

不消说,衣食住、工作的安定、环境的整备很重要,但遭遇灾害的苦难时,重要的是心的纽带,心的复兴。

王蒙:中国这个国家很大,很古老,一直是多灾多难。旱涝、地震、战祸、瘟疫、暴政、侵略、邪教、社会混乱……什么坏事都经历了。

同时,自古以来就有抗逆与耐逆的教导。"故天将降大任于是人也,必先苦其心志,劳其筋骨,饿其体肤,空乏其身,行拂乱其所为,所以动心忍性,曾益其所不能……然后知生于忧患而死于安乐也。"

孟子的这一段话至今教育着鼓励着我们。

我相信日本人民也有许多类似的坚毅、互助的美德。对于日本人遇到地震、海啸等灾难时表现的美德,我十分敬佩。

正是在灾难中我们能看清命运的共同性。世上有各种争拗,但我们更有共同的命运。人与人的关系不是狼与狼的关系,应该是友善的共享与互助的关系。

池田大作：对于灾害，个人或家属的"自助"、社区的"共助"、政府的"公助"很好地结合很重要。现在尤其强调"共助"的作用。

近年在研究如何防止受灾的扩大，怎么推进复兴，如何提高社会恢复力。

巨大灾害时，本人也受伤，失去很多宝贵的东西，被置于极限状态。这时鼓励人们，帮助人们，推进此后长期的重建，这多么不得了啊。

平时在社区中彼此很了解，经常互相鼓励，互相帮助，紧要关头才能大家携手发挥力量吧。

我也认为，这种社区共同体的建设，人们的心心相连，宗教应负担更重的使命。

在日本东北部也有各种各样的人、团体承担了"共助"的任务。到今年（2016 年）"东日本大震灾"已过 5 年，但灾后重建仍在中途，尤其不可缺少的是为心的复兴的鼓励。有这样的呼声：物的复兴只要花时间就可以，而心的复兴指望创价学会。

一位因海啸失去家的妇女记住日莲大圣人说的"为人点火，明在我前"这句话，一直在进行鼓励行动：必将和社区的人们一起迎来希望的春天。我们决心进一步支援！

人们常指出现代社会人与人之间的关系脆弱。正因为如此，我认为努力加深人的精神性，加强心的纽带尤为重要。

王蒙：人关心自身的物质需要，饿了要吃食物，冷了要加衣裳。同时，人们也关心自身的精神要求。

我们想知道许多自己原来不知道的东西，希望自己的感情更丰富，更纯净。通过阅读来补充自己的见识，希望看到更美好的世界，看到世界的更美好的一面。渴望自己一天比一天变得更好些。希望自己找到安身立命的主心骨。希望发展自己的智力与其他精神能力，能明辨真伪与是非，愉悦自己与他人，预见并防止风险。希望自己和他人能取得平衡而安心。

最好我们能体验到满足精神需要的幸福，能体验到寻求精神高峰的激动，能体验到发育精神能力的满足，能体验精神生活的阔大与丰富。这样的人是不可战胜的。

池田大作：王蒙先生在这里谈的波澜壮阔的人生经历和从中培养的宝贵的智慧话语令我感动。

这次对谈暂告结束，能够以"赠给未来的人生哲学"为题，围绕文学与人，和王蒙先生一同从各种视点交谈，深为感谢。其中触及中国文化的真髓，使我得以学习，将成为我的宝贵历史。

在世界历史上也值得大书特书的日本和中国长久友好的基底，有文化的交流与融合。在这一意义上，我认为通过面向未来的文学与艺术进行对话与交流越来越重要。

我坚信，精通中国文学的恩师户田城圣先生也会为我和王蒙先生的对谈无比欣慰。

总之，这个对谈如能在今后日本和中国的青年们、世界的青年们缔结新友谊、度过胜利与幸福的人生上成为希望的路标，精神的食粮，则不胜欣幸。衷心祝愿王蒙先生创造出更加优秀的文学，健康长寿。

王蒙：1987 年，28 年前，我与池田名誉会长在东京首次见面，进行了印象深刻的交谈，并荣幸地获得了"SGI 和平与文化奖"。

28 年后，在香港《明报月刊》与香港 SGI（创价学会）机构的推动与协助下，我荣幸地开始了与池田名誉会长的对谈《赠给未来的人生哲学——凝视文学与人》。

池田先生的博学、清明、正道、坚守与亲和使我深受教益。池田先生对于中华文化的知之深、爱之切、述之详也使我受到感动。我赞美在一个充满利益竞争的时代的对于精神价值的提倡与努力。我们谈了文化、文学、青年、老年、宗教、生死、竞争、传统、新知、励志、仁政、尚文诸方面的问题，比起谈话以前，我的思路也有发展与长进，我的自信与使命意识也有加强。感谢池田先生，感谢创价学会与其香港分支机构，感谢香港《明报月刊》。

种瓜得瓜，种豆得豆，希望我们的谈话能播下善良与信念的种子，有益于读者，有益于世道，有益于人。

责任编辑:王　萍
封面设计:石笑梦
责任校对:吕　飞

图书在版编目(CIP)数据

赠给未来的人生哲学:王蒙池田大作对谈/王蒙,(日)池田大作著.—北京:
　人民出版社,2017.11
ISBN 978-7-01-018607-8

Ⅰ.①赠…　Ⅱ.①王…②池…　Ⅲ.①人生哲学-青年读物　Ⅳ.①B821-49

中国版本图书馆 CIP 数据核字(2017)第 284595 号

赠给未来的人生哲学(精)
ZENGGEI WEILAI DE RENSHENG ZHEXUE
——王蒙池田大作对谈

王　蒙
（日）池田大作　著

人民出版社 出版发行
(100706　北京市东城区隆福寺街 99 号)

北京墨阁印刷有限公司印刷　新华书店经销

2017 年 11 月第 1 版　2017 年 11 月北京第 1 次印刷
开本:710 毫米×1000 毫米 1/16　印张:13.75　字数:160 千字

ISBN 978-7-01-018607-8　定价:49.00 元

邮购地址 100706　北京市东城区隆福寺街 99 号
人民东方图书销售中心　电话 (010)65250042　65289539